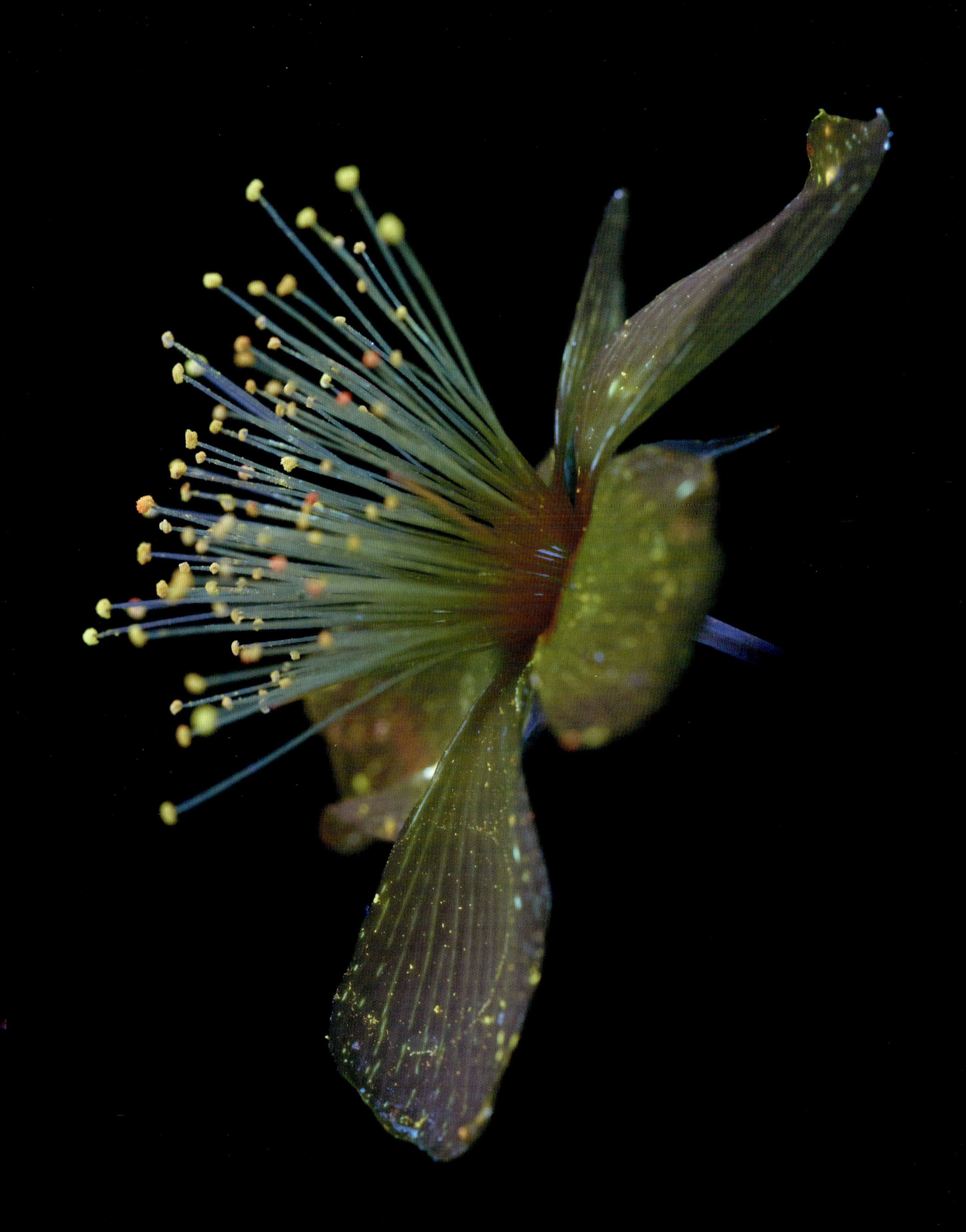

Die Verführung der Biene

und ihr einzigartiger Blick auf die Natur

Fotografien
Craig P. Burrows

Vorwort
Jürgen Tautz

Aus dem Englischen von
Dr. Cornelia Panzacchi

KNESEBECK

in Zusammenarbeit mit

Blackwell&Ruth.

Inhalt

02./

SCHUTZSCHILD VOR KRANKHEITEN

03./

DAS STREBEN NACH UNSTERBLICHKEIT

»Wo Bienen leben, gibt es auch Blumen, und wo Blumen sind, gibt es neues Leben und Hoffnung.«

— Christy Lefteri, *Das Versprechen des Bienenhüters*

Vorwort

Jürgen Tautz

Wie nimmt eine Honigbiene die Welt der Blumen wahr? Können wir das wissen? Wie können wir uns dieser Frage nähern? Erste wichtige Erkenntnis: Sinnesorgane sind nicht passive Fenster in die Umgebung, sondern Filter, die »hereinlassen«, was bedeutungsvoll, und ausblenden, was verzichtbar ist. Jede Tierart besitzt andere Filter, jede erlebt die Welt anders. Es gibt nicht die EINE Welt für alle Tiere, wie schon Jakob Johann von Uexküll, ein Wegbereiter der Sinnesökologie, vor mehr als 100 Jahren verstanden hat. Danach gibt es keine objektive, für alle Lebewesen identische Außenwelt. Jede Tierart besitzt eine eigene »Merkwelt«, die sich von allen anderen »Merkwelten« unterscheidet. Diese Spezifität macht es für uns Menschen unmöglich, in die Sinneswelt einer anderen Tierart zu schlüpfen und die Welt so wahrzunehmen, wie sie von anderen Organismen erlebt wird. Es gibt aber technische Zugangsmöglichkeiten als »Hilfskrücken«, die uns ansatzweise zu Vorstellungen verhelfen, wie diese anderen »Merkwelten« aussehen könnten.

Die Eigenschaften der Sinne haben sich im Laufe der Evolution herausgebildet. Die Sinne wurden dabei an die Reize und Signale angepasst, die für das Überleben und die Fortpflanzung wichtig sind. Geht es dabei um Verständigung zwischen Lebewesen, entwickeln sich die Signale und die Sinne, die diese Signale aufnehmen, gemeinsam. Man spricht dann von Co-Evolution.

Eines der schönsten und zugleich für Natur und Mensch das wichtigste Beispiel für Co-Evolution ist die gemeinsame Entwicklung von Blütenpflanzen und deren Bestäuberinsekten. Die Sinneswelt der Honigbienen ist hervorragend an die Signale, die Blüten aussenden, angepasst. Dabei kommt dem Sehsinn überragende Bedeutung zu. Es ist offensichtlich, dass die Farben der Blumen ausschließlich als attraktive Merkmale für die Bestäuberinsekten entstanden sind.

Aber wie ist die Farbwelt der Bienen beschaffen? Diese Frage wird bedeutungsvoll, wenn man sich bewusst macht, dass Farben, wie wir sie verstehen, in der Natur gar nicht vorkommen. Farben gibt es außerhalb der Wahrnehmungswelt von Lebewesen nicht. Die elektromagnetischen Wellen, die von der Sonne ausgehen, bilden ein kontinuierliches Spektrum ohne abgrenzbare Kategorien, wie sie durch Farbempfindungen erst entstehen. Die Sehzellen und das Gehirn erschaffen dann den Farbeindruck. In den beiden Komplexaugen der Honigbienen treten drei Typen von Sehzellen auf, von denen jeder für eine bestimmte Lichtwellenlänge maximal empfindlich ist. Dabei sind die Grün- und die Blau-Rezeptoren nur etwa ein Zehntel so lichtempfindlich wie der dritte Typ Sehzellen, der ultraviolettes Licht wahrnimmt. UV-Sehen hat für die Bienen überragende Bedeutung. Wir Menschen aber sind UV-blind. Wie also könnten wir Blumen so betrachten, wie es die Honigbienen vermögen?

Moderne fotografische Methoden ermöglichen einen Zugang. Macht man den ultravioletten Anteil des Lichts, der von Pflanzen reflektiert wird, sichtbar, erscheint eine atemberaubende Welt – mit Mustern und Schattierungen auf den Blüten, deren Ästhetik fesselt.

Craig P. Burrows erschafft eine ganz neue Welt, indem er kurzwelliges UV-Licht in ansonsten vollkommen dunkler Umgebung als Anregungsquelle nutzt, das dabei reflektierte Licht für seine Aufnahmen komplett herausfiltert und nur die Fluoreszenz aufnimmt, die das UV-Licht ausgelöst hat. Die dabei entstehenden Muster lassen den Betrachter nachvollziehen, wie völlig anders als wir Menschen Honigbienen die Blüten sehen.

Wir Menschen profitieren dabei auf vielfältige Weise, zuerst durch die fruchtbildende Bestäubungsleistung der Bienen und nicht zuletzt durch die Ästhetik der Blumen, die uns fesselt – ob mit unseren Augen oder denen der Bienen gesehen.

Dieses Buch ist eine Reise ins Unbekannte oder zumindest ein Versuch, das unglaubliche Zusammenspiel zu verstehen, das zwischen Blütenpflanzen und Bienen existiert.

Einleitung

Craig P. Burrows

Meine ersten Erfahrungen mit der Kamera sammelte ich als Dreizehnjähriger während eines Familienurlaubs auf Hawaii. Dabei erwachte in mir eine Begeisterung, die in meiner Collegezeit zum Erwerb meiner ersten Canon DSLR führte. Von da an beschäftigte ich mich intensiv mit Aufnahmetechniken und überlegte mir, welche Rolle als Fotograf ich einnehmen könnte.

Die botanische Fotografie faszinierte mich von Anfang an. Ich liebe es, Pflanzen und ihre Interaktionen zu beobachten, etwa wenn ein bestäubendes Insekt eine Blüte besucht oder sich ein zartes Pflänzchen in eine Ritze im Beton zwängt und heranwächst. Meine Experimente mit UV-Fluoreszenzfotografie (UVIVF) und Falschfarbendarstellung waren eine logische Konsequenz. Ich wollte die Grenzen der konventionellen Fotografie überwinden und eine Welt abbilden, die sehr wohl existiert, auch wenn sie für das menschliche Auge unsichtbar ist, weil es ja nur einen kleinen Teil des Lichtspektrums wahrnimmt.

Vereinfacht gesagt, bildet die UVIVF-Fotografie die natürliche Fluoreszenz ab, die auftritt, sobald ein Objekt dem Sonnenlicht ausgesetzt ist. Allerdings befindet sich in der Regel zu viel sichtbares Licht auf dem Objekt, als dass die Fluoreszenz erkennbar wäre. Bei UVIVF-Aufnahmen wird ultraviolettes Licht genutzt, um die sichtbare Fluoreszenz zu stimulieren. Dabei gelangt das UV-Licht nicht in die Kamera, sodass nur das sichtbare Fluoreszenzlicht das Bild formt. Mit anderen Worten leuchtet das Motiv auf einem UVIVF-Foto tatsächlich von innen heraus.

UVIVF-Fotografie unterscheidet sich von der Infrarot-Fotografie, die die von Objekten ausgehende langwellige Strahlung auffängt, doch beide Fotografietechniken haben etwas Geheimnisvolles an sich: Bevor man mit dem Fotografieren beginnt, weiß man nie, wie die Bilder aussehen werden.

UVIVF-Aufnahmen sind wesentlich aufwendiger als normale Fotografien. Man benötigt dazu eine hochwertige, starke Lichtquelle, mit der man das Objekt so ausleuchten kann, dass man die gewünschten Aspekte hervorhebt. Da die meisten Objekte nicht besonders fluoreszierend sind und viele meiner Objekte dazu noch sehr klein ausfallen, erziele ich die gewünschte lebendige Ausstrahlung durch lange Belichtungszeiten. Die leichteste Brise oder Erderschütterung könnte dabei das Ergebnis verfälschen, und so ist eine absolut störungsfreie Umgebung unabdingbar.

Nicht viele Lebewesen verfügen über ein größeres Sichtfeld als wir Menschen, doch verglichen mit Tieren übersehen wir auch viel. Und damit wären wir schon bei den Bienen, die in der Lage sind, das ultraviolette Spektrum zu sehen. Ihre von lebhaft leuchtenden Farben erfüllte Welt ist uns Menschen vollkommen fremd.

Reflektiertes Ultraviolett stellt eine Möglichkeit dar, die Farbwahrnehmung des Facettenauges einer Biene nachzuempfinden, doch die Kombination von Facettenaugen und den für Menschen unsichtbaren Wellenlängen kann nicht nachgebildet werden, sodass wir niemals wissen werden, wie Bienen tatsächlich ihre Umwelt wahrnehmen. Allerdings überschneidet sich die durch UV-Stimulierung erzeugte Fluoreszenz mit einigen jener Muster, die im reflektierten UV-Licht erkennbar wären, und fördert außerdem einen Abschnitt des Lichtspektrums zutage, der im Tageslicht vorkommt, aber von der Intensität der Sonneneinstrahlung überdeckt wird. Kurz gesagt: Die UVIVF-Aufnahmen in diesem Buch zeigen uns nicht genau das, was Bienen sehen, geben uns aber eine Vorstellung von der Sichtweise der Bestäuber und darüber hinaus auch von ihrer Bedeutung für die Zukunft des Lebens auf der Erde. Wenn wir Bienen als Repräsentanten der natürlichen Welt betrachten, hoffe ich, dass dieses Buch seine Leser dazu anregt, sich mit der Natur zu beschäftigen und darüber nachzudenken, wie der Mensch mit ihr umgeht.

Klimawandel, Umweltverschmutzung und Umweltzerstörung sind ernst zu nehmende Probleme, in die auch Pflanzen und ihre Bestäuber eingebunden sind, denn durch ihre Interaktion sorgen sie für den Fortbestand des Lebens auf der Erde. Das Gleichgewicht zwischen dem Klima und den Ökosystemen ist ins Wanken geraten – deshalb müssen wir alle uns für den Schutz der Artenvielfalt der Pflanzen und ihrer Bestäuber engagieren. Letztlich sind sie es, die uns das Weiterleben auf diesem Planeten ermöglichen.

Wie leicht tut man das Verschwinden der einen oder anderen Art als vernachlässigbar ab, wenn es um eine vermeintliche Verbesserung für unsere Spezies geht. Dabei vergessen wir aber, dass die hochempfindlichen Ökosysteme der Erde Millionen von Jahren währende Entwicklungen durchlaufen haben. Ihr Erhalt ist unser einziger Schutz vor einer endgültigen und unwiderrufbaren Klimazerstörung.

Ich hoffe, dass dieses Buch sowie meine Arbeit mit der UVIVF-Fotografie und den Pflanzen – und jeder anderen Form von Lebewesen – Menschen dazu bewegen, die Natur und ihre Gefährdung ernst zu nehmen und dazu beizutragen, unsere Überlebenschancen zu verbessern. Denn wenn wir nicht aufpassen, könnten wir eine für uns sehr negative Evolution erleben. Die Erde könnte weiterbestehen und das Leben ebenfalls, doch die Menschheit vielleicht nicht.

»UVIVF bildet die natürliche Fluoreszenz ab, die auftritt, sobald ein Objekt dem Sonnenlicht ausgesetzt ist.«

— Craig P. Burrows, Fotograf

01./ Das Geschenk des Lebens

Das Geschenk des Lebens

Einleitung Nick Worthington

Am Anfang war nichts. Dann entstand, wie durch ein Wunder, auf unserem blauen Planeten Leben. Lange vor dem ersten Auftreten der Menschen entwickelten die im Boden wurzelnden Pflanzen eine Beziehung zu flugfähigen Wesen. Die Fortpflanzungsorgane der Gewächse wurden zum Verbindungselement, und Insekten, vor allem Bienen, ermöglichten die Befruchtung, indem sie Pollen von einer Blüte zur anderen trugen. Die Belohnung dafür war Nektar, eine stark zuckerhaltige Flüssigkeit, die von den Pflanzen ausschließlich zum Anlocken und Belohnen der Bestäuber produziert wird. Diese Beziehung, eine der ältesten sexuellen Partnerschaften auf unserem Planeten, nahm vor ungefähr 60 Millionen Jahren ihren Anfang. Aus dem Nektar wiederum machen die Bienen Honig, ihre eigene Lebensgrundlage.

Auch für uns sind die Liebesdienste der Honigbienen buchstäblich lebenswichtig. Früchte, Gemüse, Nüsse, Beeren und überhaupt alle Samen, die die Grundlage unzähliger Nahrungsketten bilden, würden ohne die Arbeit der Bestäuber immer weniger werden, viele Pflanzenarten würden schließlich ganz verschwinden. Auch die Pflanzen, von denen sich beispielsweise Rinder und zahlreiche andere Nutztiere ernähren, gäbe es dann nicht mehr – ebenso wie sämtliche Milchprodukte und Fleisch. Diese Liste lässt sich beliebig verlängern.

Schätzungen des US-Landwirtschaftsamts zufolge können sich drei Viertel der weltweiten Blütenpflanzenarten lediglich durch bestäubende Insekten vermehren. Forschende errechneten, dass jeder dritte Bissen, den wir zu uns nehmen, nur dank dieser Bestäuber entstand. Die wichtigsten von ihnen sind Bienen – ohne sie würden wir Menschen nicht satt werden.

Vom Frühstück über kleine Snacks bis hin zu vollständigen Mahlzeiten und Drinks verdanken wir alles dem Fleiß der Bienen.

Ohne Bienen würden wir Menschen nicht satt werden. Jeder dritte Bissen, den wir essen, kam durch bestäubende Insekten zustande.

Mit den Augen einer Biene

Die meisten Menschen erfreut der Anblick einer mit Wildblumen übersäten Wiese oder ein bunter Blumenstrauß. Zweifellos mögen wir Blumen sehr gern – während wir und unsere Bewunderung die Blumen gleichgültig lassen. Sie sind wesentlich interessierter daran, die Aufmerksamkeit ihrer bestäubenden Freunde zu wecken, insbesondere der Bienen.

Dafür setzen sie eine ganze Reihe von unterschiedlichen Strategien ein (siehe S. 40–41), und eine davon ist die Schönheit der Blüten, die uns so stark anspricht. Doch auch Bienen finden Blumen sehr attraktiv, allerdings aus ganz anderen Gründen als wir, denn sie sehen alles anders.

Während wir die Farben des Regenbogens in dem sogenannten sichtbaren Lichtspektrum sehen, nehmen Bienen von diesem Spektrum nur einen Teil wahr. Dafür sind sie aber in der Lage, das UV-Spektrum zu sehen, das für uns unsichtbar bleibt (siehe S. 36–37).

Craig P. Burrows nahm die in diesem Buch veröffentlichten Bilder mit UVIVF-Fototechniken auf, um annähernd zu vermitteln, wie Bienen und andere Bestäuber Blüten sehen. Er erklärt:

> Bienen sehen eine Kombination aus ultraviolettem, blauem und grünem Licht. Aus meinen Fotos ist das ultraviolette Licht herausgefiltert; stattdessen fangen sie die sichtbare, von dem Objekt selbst ausgehende Fluoreszenz ein. Auf diese Weise nehmen die Ommatidien – die Einzelaugen, aus denen sich die Facettenaugen der Bienen zusammensetzen – das Licht auf. Allerdings geht das Zusammenwirken von Facettenaugen und Wellenlängen über das hinaus, was das menschliche Auge einfangen kann, sodass wir niemals restlos nachvollziehen können werden, wie Bienen oder andere Insekten die Welt sehen. Damit sei gesagt, dass die UVIVF-Fotografie nicht präzise das wiedergibt, was Insekten sehen, doch ist da eine gewisse Überlappung, die sich aus der Art ergibt, in der UV-Licht aufgenommen wird, um Fluoreszenz zu erzeugen.

Dr. David Pattemore, ein auf die Ökologie von Bestäubern und Bestäubungssystemen spezialisierter Wissenschaftler, erläutert, dass die UVIVF-Fotografie nicht genau das Bild erzeugt, das im Gehirn einer Biene entsteht, sondern höchstens einen guten Eindruck davon vermittelt, wie eine Blüte für das Insekt aussieht.

Die Wahrnehmung von UV-Licht ist für ein Insekt gleichbedeutend mit der Wahrnehmung von Kontrasten: Die Blüte hebt sich von den Blättern ab, ebenso wie sich bestimmte Teile der Blüte vom Rest abheben. Auf diese Weise ist das Insekt in der Lage, Pollen und Nektar zu finden.

> Der Einsatz von UVIVF-Fotografie kann die Muster darstellen, die ein Organismus sieht, der UV-Licht wahrnimmt. Sie spiegelt aber nicht präzise das, was diese Organismen tatsächlich sehen. Doch da wir Menschen das Licht des UV-Spektrums nicht sehen, können wir auch diese Muster nicht erkennen. Insekten, die UV-Licht sehen, sind dazu aber in der Lage.
>
> Stellen Sie sich alle Farben des Regenbogens und all die jenseits seiner Grenzen vor. Menschen sehen jenen Abschnitt, der von den Rot- bis zu den Blautönen reicht. Bienen sehen die Rottöne nicht, können aber über die Blautöne hinaus bis ins ultraviolette Spektrum hinein sehen. Die kontrastierenden Farbmuster, die für Bienen wichtig sind, unterscheiden sich von den für uns Menschen wichtigen kontrastierenden Farbmustern. Der Einsatz von Techniken der UV-Fluoreszenzfotografie macht für uns jene Muster sichtbar, die Grundlage ihrer Sehweise sind.

Letztlich ist die Wahrnehmung von UV-Licht für ein Insekt gleichbedeutend mit der Wahrnehmung von Kontrasten: Die Blüte hebt sich von den Blättern ab, ebenso wie sich bestimmte Teile der Blüte vom Rest abheben. Auf diese Weise ist das Insekt in der Lage, Pollen und Nektar zu finden. Craig P. Burrows Aufnahmen helfen uns also, uns die Welt aus der Sicht einer Biene vorzustellen, was wiederum dazu beiträgt, diese wichtige Insektengruppe und ihre Rolle in der Natur besser zu verstehen.

Wenn man nun die Unterschiede der Sichtweise kennt, weiß man, dass zwar eine Blüte eine Blüte ist und bleibt, aus der Perspektive eines Menschen aber etwas völlig anderes ist als aus der einer Biene. Doch aus welcher Perspektive auch immer eine Blüte betrachtet wird: Sie ist wunderschön.

Rechts: Vergrößerte Aufnahme einer Westlichen Honigbiene *(Apis mellifera)*. Dies ist die weltweit am stärksten verbreitete Honigbienenart.

Das elektromagnetische Spektrum

Sichtbare Lichtwellen sind die einzigen elektromagnetischen Wellen, die wir als die Farben des Regenbogens wahrnehmen können. Dagegen sind wir nicht in der Lage, Infrarot jenseits des für uns sichtbaren Rots im Diagramm oder aber Ultraviolett jenseits des sichtbaren Violetts zu sehen. Obwohl Menschen mehr Farben wahrnehmen als Bienen, wie beispielsweise Rot, sehen Bienen eine breitere Farbpalette – und auch das für uns unsichtbare ultraviolette Licht.

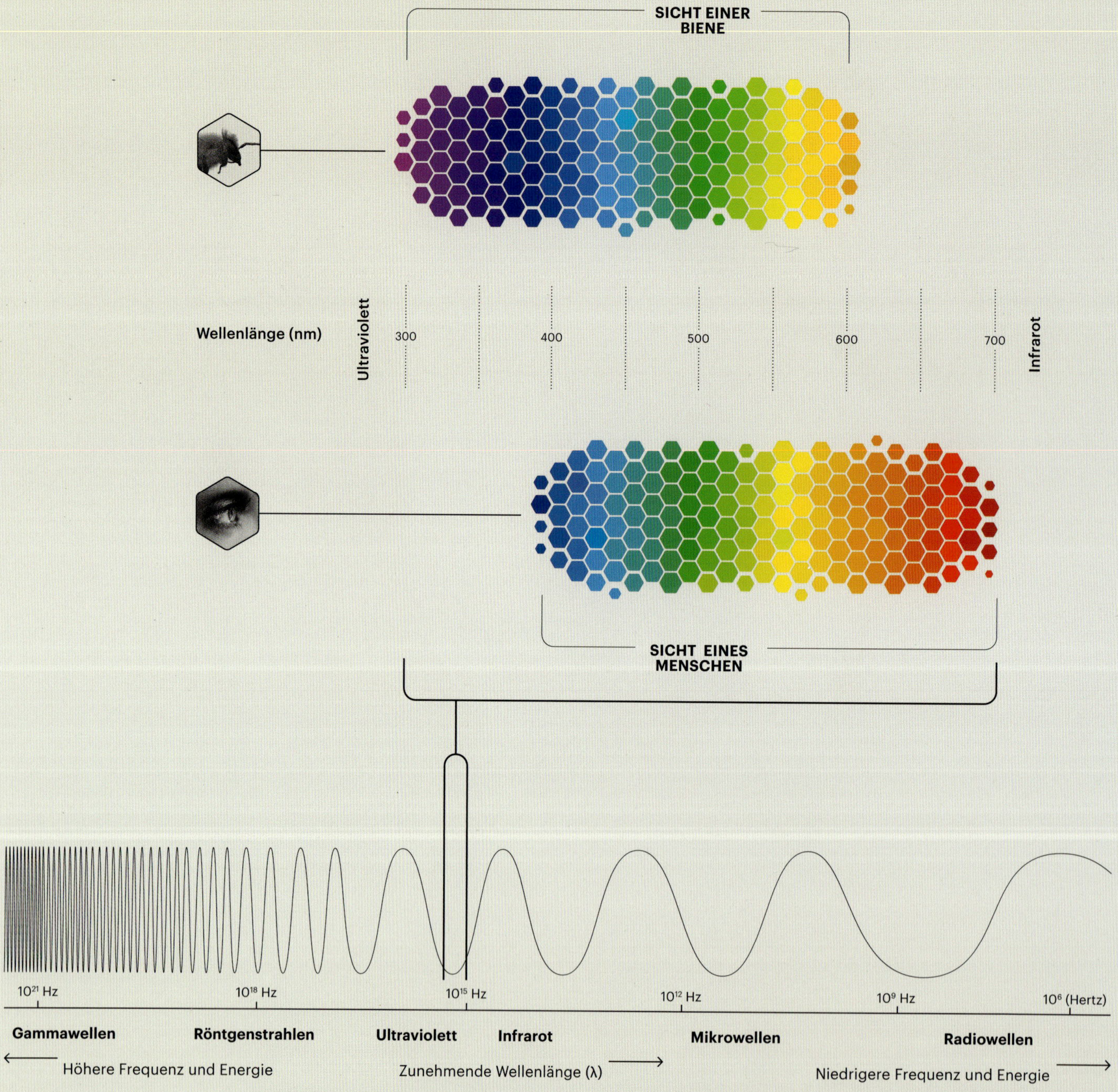

Oben links und rechts: Eine Blüte, so wie das menschliche Auge sie sieht (links) und im ultravioletten Spektrum abgebildet (rechts).

Oben: Bienen bietet das UV-Spektrum eine Landschaft aus Farben und Licht, die für das menschliche Auge unsichtbar bleibt. Die UVIVF-Fotografie vermittelt uns eine Vorstellung davon, wie eine Blüte für eine Biene aussehen könnte, einschließlich der gut sichtbaren Pollenkörner, auf der rechten Seite des Bildes zu sehen.

Wie Blüten für Sex bezahlen

Nick Worthington

Den geeigneten Partner zu finden ist in der Pflanzenwelt alles andere als einfach. Blütenpflanzen sind fest verwurzelt und meist von Konkurrenten umgeben. Deshalb sind sie in sehr vielen Fällen auf die Besuche von Bestäubern angewiesen, die Pollen von den männlichen Staubbeuteln einer Blüte zum weiblichen Stempel einer anderen übertragen.

Die Beziehung zwischen Blüten und tierischen Bestäubern könnte man als eine Art »Freundschaft plus« bezeichnen. Die Blüten produzieren Nektar, um ihre Bestäuber – das können neben Bienen auch Fledertiere, Vögel, Schmetterlinge und andere Insekten sein – anzulocken, und diese Tiere tragen dafür den Pollen zu einer anderen Blüte und ermöglichen den Pflanzen auf diese Weise, sich zu vermehren. Aber wie locken Blüten ihre Bestäuber eigentlich an? Bei genauerer Betrachtung entdeckt man, dass sie, wie Dr. Pattemore erklärt, über eine breite Palette von Verführungstricks verfügen:

> Bestimmte Farben ziehen bestimmte Lebewesen an. Rot spricht Vögel an, Blau dagegen Bienen. Doch gibt es auch Bienen, die gelbe Blüten attraktiv finden. Der Farbkontrast zwischen der Blüte und ihrem Hintergrund ist ebenfalls von Bedeutung: Den über der Vegetation fliegenden Bienen müssen die von Blättern umgebenen Blüten auffallen.
>
> Blüten locken Lebewesen aber auch durch unterschiedliche Düfte zu sich. Ein bestimmter Duft spricht gezielt Bienen an, ein anderer Fledermäuse und ein dritter Nachtfalter. Eine über eine Wiese fliegende Biene findet eine Blüte, die sich von ihrer Umgebung optisch abhebt, und nimmt die von der Blüte verströmten, verdunstenden chemischen Stoffe wahr.
>
> Bienen suchen nach Futterressourcen wie Pollen und Nektar. Um auf diese Ressourcen aufmerksam zu machen, setzen Pflanzen beispielsweise Farbkontraste ein: In der Sichtweise der Biene heben sich die Pollen enthaltenden Staubbeutel häufig farblich von den Blütenblättern ab, sodass die Biene sehen kann, wo es Pollen zu holen gibt. Oder aber der zentrale Bereich der Blüte, in dem der Nektar erzeugt wird, kontrastiert farblich mit dem äußeren Bereich.
>
> Es gibt auch Anhaltspunkte dafür, dass Bienen das Vorhandensein von Nektar in einer Blüte ebenso wahrnehmen können wie dessen verfügbare Menge – entweder indem sie den Nektar sehen oder aber die von ihm verströmten Duftstoffe wahrnehmen.
>
> Eine weitere faszinierende wissenschaftliche Erkenntnis ist, dass Bienen die Qualität einer Blüte an ihrer elektromagnetischen Aufladung erkennen. Ein Insekt baut im Flug eine bestimmte elektromagnetische Ladung auf. Landet es anschließend auf einer Blüte, entlädt sich diese Ladung, sodass sich auch die Aufladung der Blüte verändert. Die nächste Biene, die vorbeifliegt, merkt daran, dass es sich nicht mehr lohnt, auf dieser Blüte zu landen. Es ist nachgewiesen, dass manche Arten, darunter etwa Hummeln, diese Veränderung der elektromagnetischen Aufladung wahrnehmen und deshalb eine Blüte, auf der kurz zuvor eine Biene gelandet war, nicht mehr ansteuern.

»Blüten versuchen nicht, für uns Menschen attraktiv zu sein, sie versuchen, Bienen zum Sex zu verführen.«

— Nick Worthington

Nektar lockt das Insekt zur Blüte, und wenn sich der Besucht gelohnt hat, weil dieser Nektar besonders nahrhaft ist oder andere Bedürfnisse des Tiers befriedigt, dann wird dieses Insekt immer wieder zu diesem Blütentyp zurückkehren. Besucht eine Biene eine Blüte, die sie nicht zufriedenstellend belohnt, wird sie nach einem anderen, lohnenderen Blütentyp suchen. Der Nektar spielt in den Verhandlungen zwischen Blüten und Bienen eine wichtige Rolle.

Soweit scheinen wir es hier mit einer Win-win-Situation für beide Seiten zu tun zu haben. Doch kann es einer Blüte auch passieren, dass sie weniger willkommenen Besuch erhält. Dr. David Pattemore schildert, was in solch einem Fall geschieht:

> Pflanzen können durch Sekundärbestandteile des Nektars auf das Verhalten des Bestäubers einwirken. Das kann etwa ein Bestandteil sein, der einen

ineffizienten Bestäuber wegekelt. Auf diese Weise schreckt die Blüte ein Tier ab, das nur Pollen stehlen will, anstatt damit eine andere Blüte zu befruchten. Oder sie setzt andere Stoffe ein, die ihren Nektar für Bienen oder andere effiziente Bestäuber noch attraktiver, ja vielleicht sogar süchtig macht, damit diese Tiere immer wieder Blüten dieser Art anfliegen. Pflanzen können diese Sekundärbestandteile des Nektars auf vielfältige Weise einsetzen. Dabei geht es nicht nur um den Zuckergehalt, sondern auch darum, das Bestäubungsverhalten zu steuern.

Es sieht also ganz so aus, als wendeten Blüten bei der Fortpflanzung dieselben Strategien wie wir Menschen an: optische Attraktivität, lockende Düfte, magnetische Anziehungskraft und darüber hinaus auch noch ein paar weitere Tricks. Letztlich geht Liebe doch durch den Magen: Das Angebot einer sättigenden Mahlzeit ist Teil einer universellen Sprache der Liebe, die von allen Arten verstanden wird.

Blüten wenden alle Tricks an, um Aufmerksamkeit zu erzeugen: optische Attraktivität, lockende Düfte, magnetische Anziehungskraft und darüber hinaus auch noch ein paar weitere Tricks.

Folgende Seiten: Pollen haftet am Kopf einer *Apis-mellifera*-Arbeitsbiene.

Bienen kommen, außer auf Antarktika, auf allen Erdteilen vor. Wer das weiß, der wundert sich nicht darüber, dass wir ungefähr 20 000 Bienenarten unterscheiden.

Eine ausschließlich in Western Australia vorkommende Art besitzt eine hundeähnliche »Schnauze« *(Leioproctus zephyr)*. Eine andere Art, nämlich *Dasipoda hirtipes*, wird wegen des stark behaarten hinteren Beinpaars, das besonders viel Pollen aufnehmen kann, Hosenbiene genannt.

Einige Arten der südamerikanischen Gattung *Trigona* haben es aufgegeben, Pollen und Nektar zu suchen. Sie ernähren sich stattdessen von Aas, weshalb man sie auf Englisch auch *vulture bees*, »Geierbienen«, nennt.

Wenn wir »Biene« hören, denken wir häufig an Honig. Tatsächlich aber produziert nur ein Bruchteil der rund 20 000 Arten Honig. Man geht davon aus, dass es heute weltweit sieben bis zwölf Honigbienenarten gibt. Auch bilden nicht alle Bienen Staaten wie die Honigbienen – die Mitglieder der meisten Arten sind Einzelgänger.

Der Körper einer Biene ist größtenteils vom Außenskelett umgeben, das wiederum von Haaren bedeckt ist, an denen Pollen hängen bleibt. Bei allen Bienen ist dieser Körper dreifach gegliedert, in Kopf, Brust oder Thorax und Hinterleib oder Abdomen. Am Kopf befinden sich die Augen, die Fühler, zwei bewegliche Kiefer und die Mundwerkzeuge, zu denen ein zungenartiger Rüssel gehört, mit dem der Nektar aufgesogen wird. Beine und Flügel sind am Brustsegment angewachsen. Am Hinterleib sitzen die Wachsdrüsen, die Fortpflanzungsorgane sowie der Stachel.

Nicht alle Bienenarten besitzen einen Stachel. Gewöhnlich sind am Bienenstachel kleine Widerhaken oder Zähnchen, sodass eine Biene nur einmal im Leben stechen kann (anders als ihre Cousine, die Wespe, die mehrmals zusticht, ohne selbst Schaden zu nehmen). Bienenköniginnen und Hummeln sind ebenfalls in der Lage, mehrmals zu stechen. Einige Honigbienen afrikanischer Herkunft werden manchmal als »Killerbienen« bezeichnet, weil sie sehr territorial und aggressiv sind. Das bedeutet, dass sie, auch ohne gereizt zu werden, angreifen und stechen. Sie verteidigen erbittert ihr Revier, verfolgen Eindringlinge über längere Strecken als andere Honigbienenarten und haben schon Menschen und Tiere getötet.

Die einzelnen Bienenarten können unterschiedlich groß und unterschiedlich gefärbt sein, sodass man als Laie eine Wildbiene nicht immer als solche erkennt, sondern sie auch leicht für eine Wespe oder Fliege halten könnte.

Andererseits ist die Westliche Honigbiene tatsächlich die weltweit am stärksten verbreitete Art. Der erfahrene Bienenhalter Brian McCall erzählt uns mehr über diese kosmopolitische Biene: »Die Westliche Honigbiene gibt es bereits seit Millionen von Jahren. Im Laufe der Zeit hat auch diese Art eine Evolution durchgemacht, deren Ergebnis das ist, was wir heute sehen: Bienen, die so viel Honig produzieren, dass sie auch magere Zeiten durchstehen, die genügend Wärme erzeugen, um über den Winter zu kommen, die größere Strecken zurücklegen, Schwärme bilden und sich an das Klima neuer Lebensräume anpassen können. Sie alle stammen ursprünglich aus Asien. Von dort aus haben sie sich nach Europa und Afrika ausgebreitet und sich bestens an die jeweilige Region angepasst.«

Westliche Honigbienen leben zwar auch in Nordamerika, Südamerika und Ozeanien, allerdings nur, weil europäische Siedler sie dort eingeführt haben. Ihre bewundernswerte Flexibilität umfasst die Anpassung an die Blühperioden eines neuen Lebensraums und die Angewohnheit, sich bei kaltem Klima gegenseitig im Stock zu wärmen. Ihren Erfolg hat die Westliche Honigbiene teilweise wohl aber auch der Unterstützung durch den Menschen zu verdanken, denn als wild lebende Art ist sie in Europa nahezu ausgestorben.

Bienen scheinen ähnlich vielfältig wie wir Menschen zu sein. Allen Arten gemeinsam aber ist, dass sie als Bestäuber in unseren Ökosystemen eine zentrale Rolle spielen. Ein hoher Prozentsatz aller Pflanzen weltweit ist für die Fortpflanzung auf Bestäubung durch Tiere angewiesen, und ohne die fleißigen Bienen würden sehr viel weniger Arten von Blumen, Gemüse und Früchten gedeihen, was sich wiederum auf die Nahrungsversorgung zahlreicher Tierarten auswirken würde. Und auch unser Speiseplan wäre wesentlich überschaubarer und weniger abwechslungsreich. Wir verdanken den Bienen also wirklich viel.

Die Sexarbeiterinnen der Natur

Wenn wir »Biene« hören, denken wir häufig an Honig. Tatsächlich aber produziert nur ein Bruchteil der rund 20 000 Arten Honig. Man geht davon aus, dass es heute weltweit sieben bis zwölf Honigbienenarten gibt.

Westliche Honigbiene
Die Westliche Honigbiene *(Apis mellifera)* stammt aus Asien und breitete sich nach Afrika und Europa aus. In Nordamerika, Südamerika und Ozeanien wurde sie durch europäische Siedler eingeführt.

Links: 3-D-Modell einer fliegenden Biene, die am hinteren Beinpaar Pollen in den sogenannten Höschen trägt.

Die bekannteren der weniger bekannten Bienenarten

01.
Hummeln sind leicht zu identifizieren: rundlich, stark behaart, gelb und schwarz, mit rotem, schwarzem oder weißem Hinterleibende. Ihre weichen Härchen lassen sie flauschig und deshalb freundlich wirken, und vielleicht sind sie deshalb die Bienenversion, die man in Trickfilmen und Comics am häufigsten sieht. Sie leben in Nestern oder Völkern, die aber wesentlich kleiner als die Völker der Honigbienen sind. Eine Sonderstellung haben Kuckuckshummeln. Sie sehen zwar ebenfalls freundlich aus, dringen aber in die Nester anderer Völker ein, verzehren die darin befindlichen Eier und legen selbst Eier ab, die sie von den anderen Hummeln versorgen lassen. Hummeln sind ausgezeichnete Bestäuber. Sie arbeiten hart, um möglichst viele Blüten zu besuchen. Ihr tiefes Summen animiert die Blüten dazu, ihnen den Zugang zum Pollen zu erleichtern.

02.
Holzbienen sehen mit ihrem meist glänzend schwarzen, gelegentlich gelb, grün oder weiß gestreiften Hinterleib schick und schnittig aus; einige Unterarten wirken durch ihre metallisch schwarzblaue Färbung wie fliegende Edelsteine. Den Namen verdanken sie ihrer Angewohnheit, ihr Nest in hartem Material wie Holz oder Bambus anzulegen. Meist sind sie Einzelgänger, gelegentlich aber bauen Mütter und ihre Töchter Gemeinschaftsnester. Sie sind wichtige Bestäuber vieler Pflanzenarten und aufgrund der Kürze ihrer Mundwerkzeuge die einzigen Bestäuber bestimmter Blüten. Bei anderen Blüten haben sie wegen der kurzen Mundwerkzeuge dagegen Zugangsschwierigkeiten, weshalb sie mitunter auch zu »Nektarräubern« werden: Sie schneiden Blüten seitlich an, um an den süßen Saft zu kommen, ohne dabei Pollen aufzunehmen. Mit ihren Flügeln erzeugen Holzbienen im Flug ein besonders lautes Summen.

03.
Blattschneiderbienen zerschneiden tatsächlich Blätter, und zwar mit ihren Mundwerkzeugen, um ihr Nest mit Blattstücken auszukleiden. Sie sind mittelgroß und ihr gestreifter Hinterleib ist gewöhnlich weiß-schwarz oder gelb-schwarz. Ebenso wie Holzbienen sammeln sie den Pollen mit der »Bauchbürste« an der Unterseite der Brustsegmente.

04.
Mauerbienen verdanken ihren Namen der Angewohnheit, Lehm als Baumaterial für ihre Nester zu verwenden. Anstatt ein Loch für ein Nest zu graben, suchen sie nach Spalten in Fels oder Holz oder nutzen dunkle, eingegrenzte Räume wie etwa Schneckengehäuse. Bei diesen Solitärbienen gibt es keine Arbeiterinnen, sondern jedes Weibchen ist fruchtbar und legt sein eigenes Nest an. Weil sie früher im Jahr aktiv werden und schneller von Blüte zu Blüte fliegen, gelten Mauerbienen als bessere Bestäuber als Honigbienen. Dieses hohe Tempo ist möglicherweise darauf zurückzuführen, dass sie an den einzelnen Blüten nicht viel Nektar aufnehmen – nur ein Schlückchen. Außerdem befinden sich die Härchen, an denen der Pollen hängen bleibt, bei Mauerbienen nicht an den Beinen, sondern am Hinterleib. Auf diese Weise haftet er nicht sehr fest und kann an vielen Blüten abgestreift werden. Ihre Körper sind meist grün oder blau, doch es gibt auch rote und schwarze Arten.

05.
Sandbienen ähneln den Hummeln. Sie leben solitär. Die weibliche Sandbiene gräbt einen Tunnel in den Boden, in dem sie Brutzellen anlegt. Diese werden vor der Eiablage mit Pollen und Nektar befüllt. Sandbienen sind sehr effiziente Bestäuber.

06.
Schmalbienen werden häufig von Schweiß angezogen, weshalb man sie im Englischen *sweat bees*, »Schweißbienen«, nennt. Außer auf Antarktika kommen sie auf der ganzen Welt vor. Die meisten von ihnen sind schwarz oder braun, doch gibt es auch grüne, rote, purpurrote und blaue Arten. Gewöhnlich nisten sie an Flussufern und in Lehmböden. Die Gattung *Agapostemon* wird nur acht Millimeter lang. Man braucht sich nicht zu fürchten, von Schmalbienen gestochen zu werden. Eher werden sie Schweiß ablecken wollen.

01.

04.

02.

05.

03.

06.

Die Anatomie einer Honigbiene

Die einzelnen Bienenarten unterscheiden sich hinsichtlich Größe, Form und Farbe voneinander. Allen gemeinsam aber ist, dass sie ein Außenskelett oder Exoskelett besitzen und ihr Körper dreifach gegliedert ist: An Brust oder Thorax sind Beine und Flügel angewachsen, am Ende des Hinterleibs sitzt der Stachel, den jedoch nicht alle Bienenarten haben. Am Kopf befinden sich Saugrüssel, Augen und Fühler. Honigbienen verfügen darüber hinaus über Organe, die Wachs und Honig produzieren.

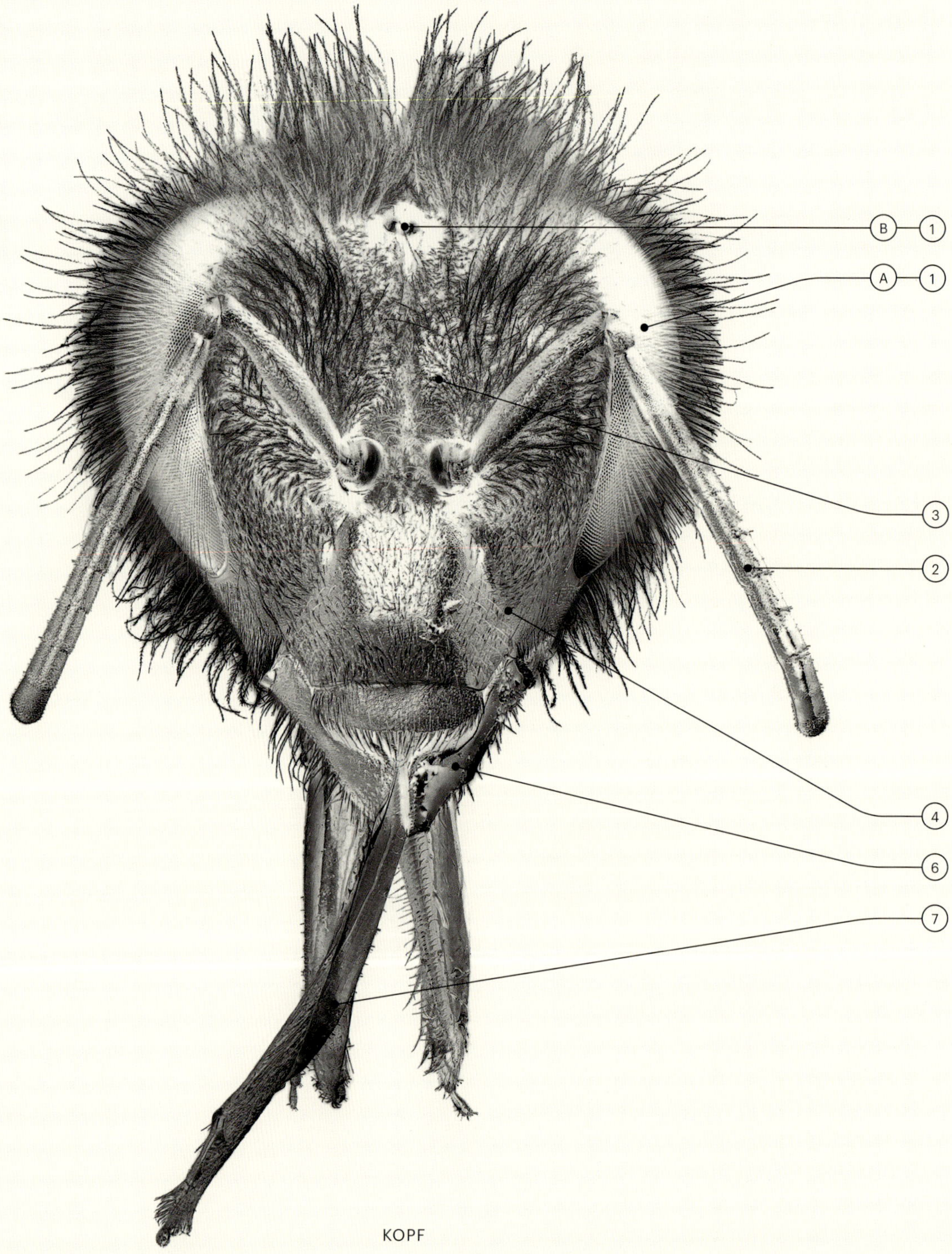

KOPF

1. Augen: Honigbienen haben fünf Augen: zwei Facettenaugen, mit denen sie Formen erkennen, und an der Stirn die für die Lichtwahrnehmung zuständigen Punktaugen oder Ocellen.

2. Fühler: Zu ihren wichtigsten Funktionen zählen Sinneswahrnehmungen, Kommunikation, Navigation sowie das Aufspüren der von Nektar verströmten Duftstoffe. Jeder Fühler setzt sich aus Scapus, Pedicellus und Flagellum zusammen. Das Flagellum weiblicher Bienen besteht aus zehn Segmenten, das von männlichen aus elf.

3. Hypopharynxdrüse (Futtersaftdrüse): Paarig angelegt, produziert sie eine Komponente des Gelée royale.

4. Mandibeldrüse (Oberkieferdrüse): Diese Drüsen der Arbeitsbienen erzeugen eine fettreiche weiße Flüssigkeit. Mit dem Sekret der Futtersaftdrüsen gemischt, entsteht daraus Gelée royale.

5. Speicheldrüse: Der von den Speicheldrüsen produzierte Speichel wird mit Wachsschuppen vermischt, um die physikalischen Eigenschaften des Bienenwachses zu verändern.

6. Mandibeln: Zwei bewegliche Kiefer, mit denen Pollen sowie Wachs zerkaut werden. Im Bienenstock würgt die Biene den Nektar hervor, der dann von Biene zu Biene weitergegeben wird. Dabei wird ihm Flüssigkeit entzogen, und er verwandelt sich in Honig. Bienen zerkauenzudem Wachs und mischen es mit Blatt- und Knospenharzen sowie ihrem Speichel, um Propolis zu erzeugen. Mit dieser harzartigen Substanz dichten sie Risse im Nest ab.

7. Saugrüssel: Einrollbares Mundwerkzeug zum Nektar- und Honigsaugen.

8. Brust (Thorax): Die Thoraxmuskeln bewegen die Flügel. Eine Biene macht bis zu 230 Flügelschläge pro Sekunde.

9. Vorderflügel: Damit die verhältnismäßig schweren Bienen fliegen können, bewegen sie ihre Flügel in kräftigeren Achterbewegungen.

10. Hinterflügel: Mit Vorder- und Hinterflügeln befächeln die Bienen den frisch gesammelten Honig, damit die in ihm enthaltene Feuchtigkeit verdunstet. Ideal ist ein Honig mit 20 Prozent Feuchtigkeitsgehalt.

11. Honigmagen: Neben ihrem eigentlichen Magen besitzen Honigbienen auch einen Honigmagen, in dem sie den gesammelten Nektar zum Nest transportieren. Ein Enzym dieses Magens bricht den Honig unterwegs auf. Ein durchschnittlicher Honigmagen fasst 20 bis 40 Milligramm Nektar.

12. Wachsdrüsen: Arbeitsbienen haben acht Wachsdrüsen. Nach dem Ausscheiden wird das Wachs von Arbeitsbienen zerkaut und für den Bau oder die Abdeckung von Waben verwendet. Die Bienen sondern dieses Wachs ungefähr ab dem zwölften Tag nach dem Schlüpfen etwa sechs Tage lang ab.

13. Beine: Honigbienen können ihre Beine auf sehr vielfältige Weise einsetzen. Mit den Krallen an den Enden klettern sie geschickt auf rauen Oberflächen wie Baumrinde. Ein weiches Polster (Arolium) ermöglicht ihnen rutschfreies Laufen auf glatten Oberflächen.

13 (A). Vorderbeine: Bienen kämmen sich mit den mit Härchen besetzten Vorderbeinen den Pollen vom Körper. Eine Kralle dient der Reinigung der Fühler.

13 (B). Hinterbeine: An den Hinterbeinen sind die für das Sammeln von Pollen hilfreichen Körbchen. Beim Besuch der Blüten wird der Pollen in die Körbchen gebürstet. Bienen vermischen Pollen mit Honig und Speichel zu dem nahrhaften Bienenbrot (Perga), mit dem sie die Arbeiterinnenlarven füttern.

14. Hinterleib (Abdomen): Im Hinterleib sind die Verdauungsorgane, der Stachel sowie bei Königinnen und Drohnen die Fortpflanzungsorgane. Arbeitsbiene, Drohne und Königin unterscheiden sich anhand Größe und Form des Hinterleibs. Arbeitsbienen sind die kleinsten, Königinnen die größten Bewohnerinnen des Bienenstocks.

15. Ovipositor (Stachel): Der Stechapparat der Honigbiene ist eine modifizierte, mit Giftdrüsen ausgestattete Legeröhre. Nur Arbeiterinnen und Königinnen besitzen einen Stachel. Der Stachel der Arbeiterinnen ist mit Widerhaken besetzt – er kann nur einmal eingesetzt werden. Honigbienen sind die einzigen Insekten, die nach dem Stich sterben. Der Stachel der Königin dient auch der Eiablage.

Die Anatomie einer Blüte

Die einzige Funktion einer Blüte besteht darin, Bestäuber anzulocken und dadurch die Fortpflanzung ihrer Art zu ermöglichen. Uns fallen Blüten durch ihre Schönheit und ihren Duft auf – für bestäubende Insekten sind sie so unübersehbar wie für uns eine große Leuchtreklame.

Bestäubung erfolgt, wenn der von den Staubbeuteln, den männlichen Reproduktionsorganen einer Pflanze, erzeugte Pollen auf die Narbe des weiblichen Reproduktionsorgans, des Stempels, fällt. Bienen und andere Insekten fliegen die Blüten an, um Nektar aufzunehmen, und sammeln dabei an ihrem Körper unabsichtlich Pollen ein, den sie bei ihrer weiteren Nektarsuche an andere Blüten abgeben.

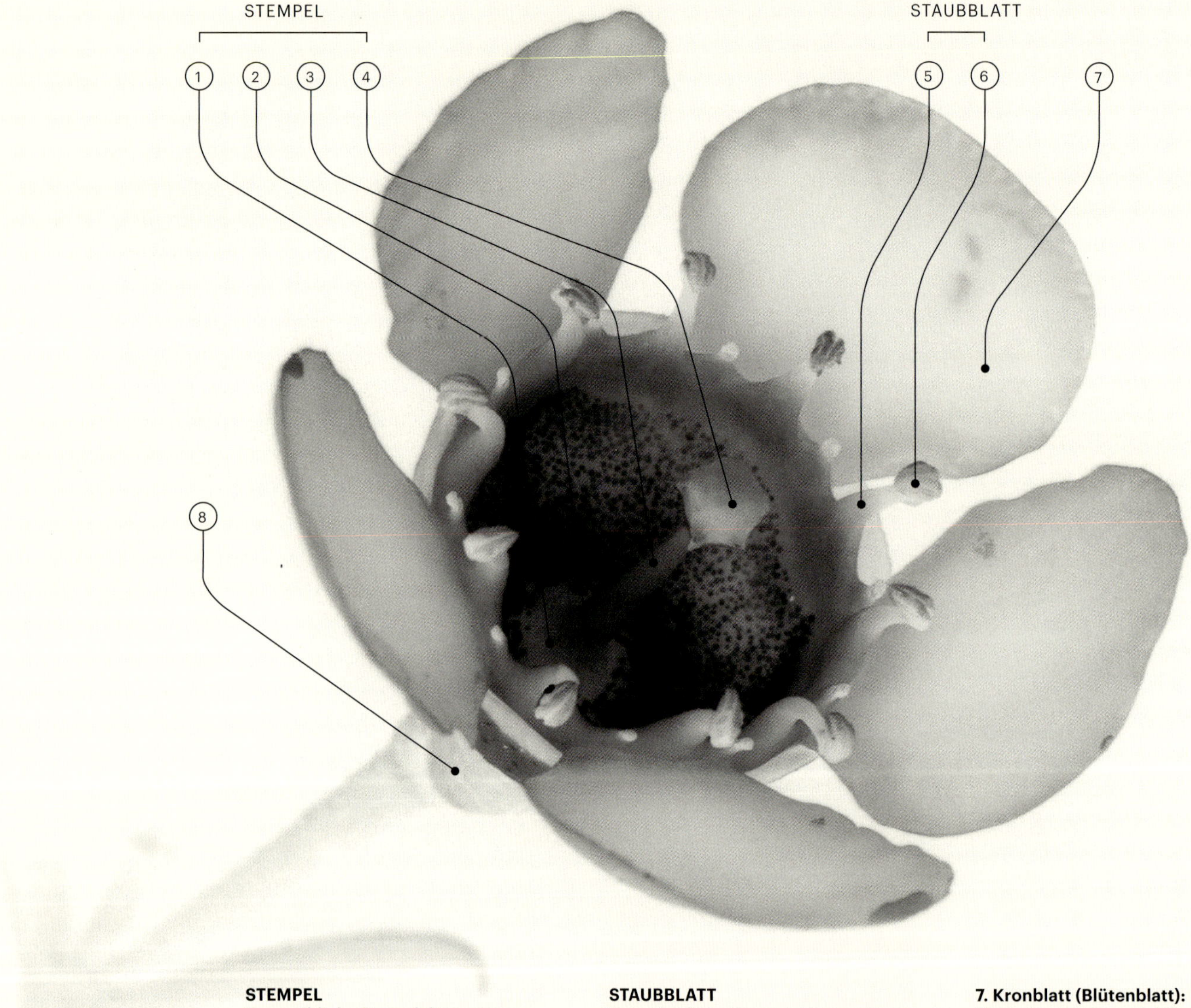

STEMPEL
Das weibliche Reproduktionsorgan einer Pflanze.

1. Samenanlage: Struktur, in der sich die weiblichen Geschlechtszellen befinden. Nach Befruchtung entwickeln sich aus ihnen die Samen.

2. Fruchtknoten: Das schützende Gehäuse, das die Samenanlagen umgibt.

3. Griffel: Eine röhrenförmige Struktur, die Narbe und Fruchtknoten verbindet.

4. Narbe: Die Spitze des Stempels, die vom Pollen befruchtet wird.

STAUBBLATT
Das männliche Reproduktionsorgan einer Pflanze.

5. Staubfaden: Eine stängelartige Struktur, die den Staubbeutel trägt.

6. Staubbeutel: Der Teil des Staubblatts, in dem der Pollen entsteht. Typischerweise kontrastieren die Staubbeutel mit den Kronblättern, um Insekten aufzufallen. Diese streifen die Staubbeutel, sodass Pollen an ihnen hängen bleibt. Beim Besuch der nächsten Blüte gelangt etwas von diesem Pollen auf die Narbe, sodass eine Befruchtung erfolgt.

7. Kronblatt (Blütenblatt): Modifiziertes Blatt, das die Reproduktionsorgane der Pflanze umgibt und durch leuchtende Färbung Insekten anlockt. Manche Kronblätter weisen ultraviolette, nur für Insekten sichtbare Markierungen auf. Viele Blüten zwingen durch ihre Form das Insekt, bei seinem Besuch Staubbeutel und Narbe zu streifen. Die Kronblätter enthalten ferner ätherische Öle, deren Duft bestäubende Insekten anlockt.

8. Kelchblatt: Ein grünes Blatt, das die Knospe und damit die sich entwickelnden Fortpflanzungsorgane schützt.

Das Leben im Bienenstock

Imker:innen bauen ihren Honigbienen gemütliche Unterkünfte. Während diese auf Außenstehende primitiv wirken mögen, sind sie tatsächlich auf die Bedürfnisse ihrer Bewohner zugeschnitten, damit sie unter optimalen Bedingungen möglichst viel Honig produzieren können. Schauen wir uns die Wohnungen und das Gesellschaftssystem der fleißigen Bienen einmal näher an.

STRUKTUR DES BIENENSTOCKS
Die Langstroth-Beute wurde 1852 von L. L. Langstroth entwickelt, der einen funktionalen Bienenstock mit beweglichen Rähmchen anstrebte. Er sollte die Arbeit des Imkers erleichtern und sich leicht umstellen lassen. Seither entstanden zahlreiche Variationen, aber allen gemeinsam ist, dass man die Rähmchen für die Bienenwaben senkrecht einhängen und wieder herausnehmen kann.

Außendeckel: Er schützt den Stock vor Witterungseinflüssen, ist schwer und meist aus Aluminium gefertigt.

Innendeckel: Er liegt auf der obersten Zarge und isoliert den Bienenstock.

Honigraum: Eine Zarge aus Holz, in dem die Bienen Honig lagern.

Absperrgitter: Ein Gitter aus Metall oder Kunststoff, das zwar die Arbeitsbienen, aber nicht die Drohnen und die Königin durchlässt. Es sorgt dafür, dass die Königin in einem bestimmten Bereich bleibt und ihre Eier nicht in den Honigräumen ablegen kann.

Rähmchen: Der Honigraum enthält meistens zehn Rähmchen mit sechseckigen Kammern, in die die Königin ihre Eier ablegt.

Brutraum: Zargen mit Rähmchen für die Bienenbrut und die Honiglagerung. Der unterste Kasten ist der Brutraum, in dem die Königin ihre Eier ablegt und die Brut versorgt wird. Die meisten Bienenkästen sind aus acht bis zehn Zargen zusammengesetzt.

Boden: Ein Brett mit Haltevorrichtung für die darüber gestapelten Zargen und einem Einflugloch für die Bienen.

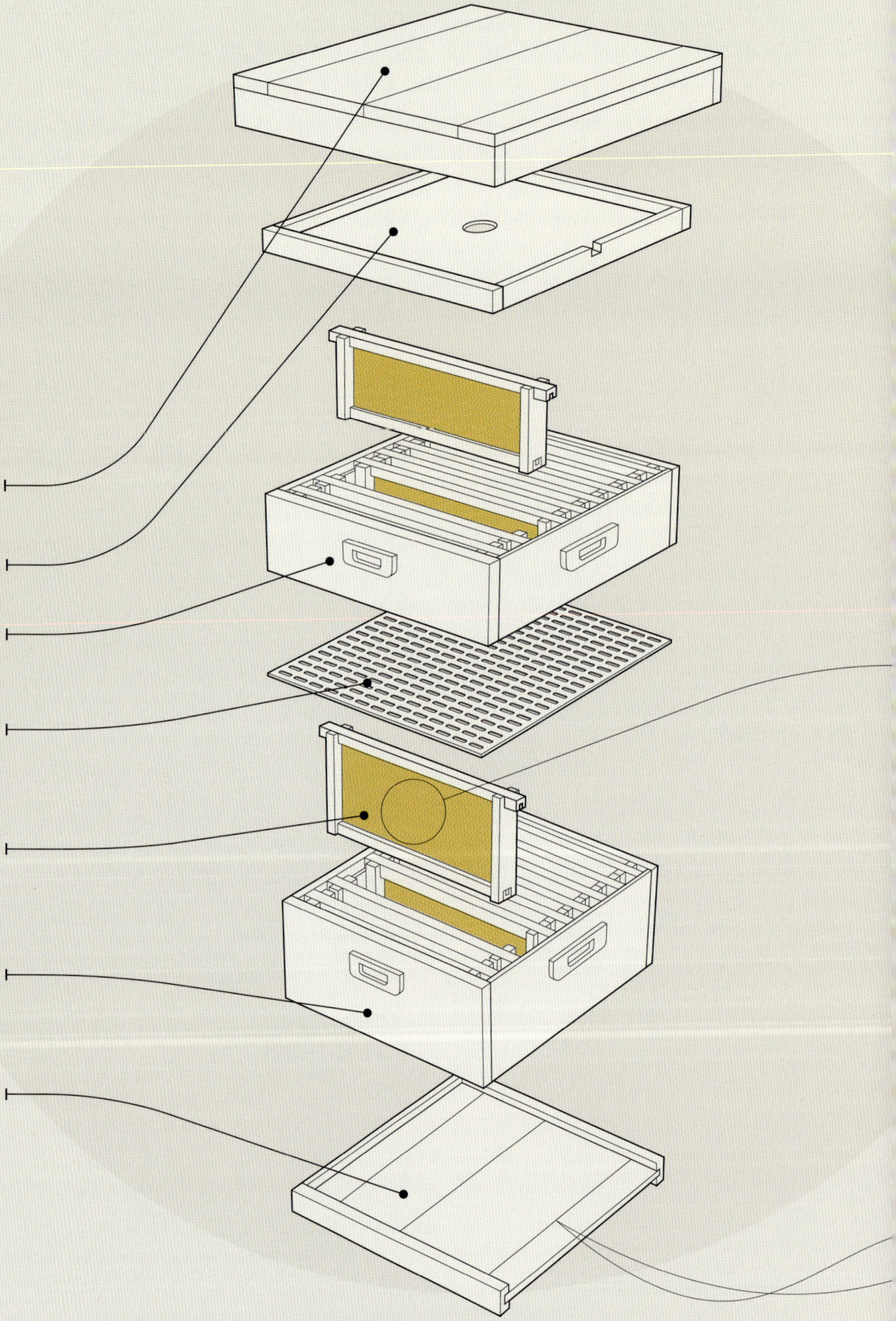

Bienenkönigin: In einem Volk gibt es nur eine Königin. Ihre Hauptfunktion besteht darin, sich zu paaren, Eier zu legen und so das Bienenvolk aufzubauen. Zudem verströmt sie Pheromone, die das Volk zusammenhalten und die Arbeiterinnen daran hindern, selbst Eier zu legen. Die Königin lebt in der untersten Zarge des Bienenkastens. Ihre durchschnittliche Lebenserwartung beträgt drei Jahre, doch kann sie bis zu sechs Jahre alt werden.

Drohne: Die männliche Drohne ist größer als die weibliche Arbeitsbiene. Ihre Funktion besteht darin, sich mit einer Königin zu paaren und ihre Gene dadurch an die nächste Generation weiterzugeben. Drohnen übernehmen im Stock keine Aufgaben, sondern nutzen ihn nur als Wohnung und Nahrungsquelle. Sie bleiben im Stock, bis sie an einem warmen Tag ausfliegen und nach jungfräulichen Königinnen suchen. Drohnen leben nur drei Wochen lang.

Arbeitsbiene: Alle Arbeitsbienen sind Weibchen. Sie übernehmen sämtliche Aufgaben, die das Volk am Leben erhalten: Sie säubern den Stock, sammeln Nektar und Pollen, füttern die Brut, die Königin und die Drohnen und verteidigen den Stock gegen Eindringlinge. Sie sind im gesamten Stock unterwegs. Ihre Lebenserwartung beträgt lediglich sechs Wochen.

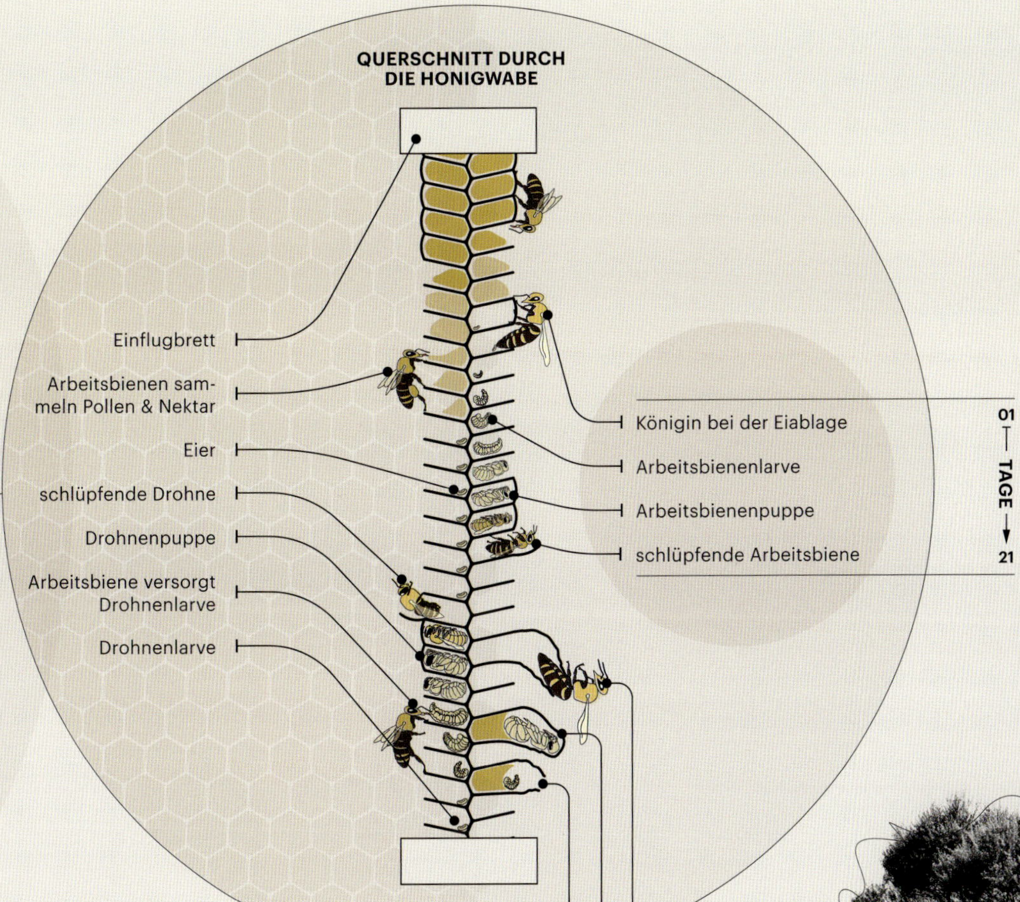

Metamorphose: Alle Bienen durchlaufen eine vollständige Metamorphose. Ihr Leben ist in vier Stadien gegliedert: Ei, Larve, Puppe und Imago (erwachsenes Insekt). Die Metamorphose findet in den mit Wachs verschlossenen Zellen statt.

Eine Arbeitsbiene legt auf der Nahrungssuche bis zu 8 km zurück.

8 KM

»Das oberste Ziel eines Bienenvolks besteht darin, seine Langlebigkeit zu sichern.«

— Brian McCall, Imker

Nicht nur wir Menschen leben in organisierten Gemeinschaften: Auch jedes Honigbienenvolk ist streng organisiert und hierarchisiert.

Der erfahrene Bienenzüchter Brian McCall vergleicht ein Honigbienenvolk mit Modellkommunismus in seiner reinsten Form: »Sämtliche Individuen gehen im Volk auf. Alles geschieht nur zum Wohle des Volks, zu dem jede einzelne Biene ständig beiträgt. Und aus genau diesem Grund gibt es Honigbienen schon so lange. Das oberste Ziel eines Bienenvolks besteht darin, seine Langlebigkeit zu sichern, indem eine genetische Linie möglichst lange erhalten wird.«

Ermöglicht wird dies auch durch die strenge Hierarchie, in der die Rollen von Königin, Arbeitsbienen und Drohnen genau festgelegt sind. Natürlich gibt es in jedem Volk nur eine einzige Königin. Von den auf dem Höhepunkt des Bienenjahrs bis zu 60 000 Mitgliedern sind ungefähr fünf Prozent Drohnen – und alle übrigen unfruchtbare Arbeitsbienen.

Sie wären gern Bienenkönigin? Es ist nicht so glanzvoll, wie es scheinen mag

Natürlich genießt eine Bienenkönigin höchstes Ansehen und wird rund um die Uhr bedient, gefüttert und gesäubert. Allerdings besteht ihre alleinige Funktion darin, sich zu paaren und Eier zu legen, aus denen ihr Bienenvolk schlüpfen wird. Im Grunde ist sie eine Supermutter auf Steroiden – und dieses Leben als Brutmaschine kann ziemlich stressig sein.

Jede Bienenkönigin beginnt ihr Leben als befruchtetes Ei, und theoretisch könnte aus jedem beliebigen befruchteten Ei eine Königin werden. Sobald die Larven schlüpfen, suchen die Arbeitsbienen jene Larven aus, die Königinnen werden sollen, und füttern diese ausschließlich mit Gelée royale, einem protein- und vitaminreichen Sekret aus ihren Futterdrüsen. Das erhalten zwar sämtliche Larven drei Tage lang, doch die »Königinnenlarven« bekommen es über diesen Zeitraum hinaus, und es bewirkt, dass sie sich zu fruchtbaren Weibchen entwickeln.

Anschließend durchlaufen die Königinnenlarven – ebenso wie alle anderen Bienenlarven – ein Puppenstadium. Von den Arbeiterinnen- und Drohnenlarven unterscheiden sie sich bereits jetzt durch einen längeren Hinterleib.

Die frisch geschlüpften Königinnen bleiben dann noch etwa eine Woche lang im Stock, bis ihre Flügel genügend ausgehärtet sind, um das Fliegen zu gewährleisten. In dieser Zeit bekämpfen die noch jungfräulichen Königinnen einander erbittert, sodass nur eine einzige von ihnen übrig bleibt. Ihre Stachel sind glatt, sodass sie mehrmals zustechen können, ohne daran zu sterben.

Die siegreiche junge Königin fliegt sodann aus, um sich mit Drohnen zu paaren. Damit Inzucht vermieden wird, entfernt sie sich bis zu anderthalb Kilometer weit von ihrem Volk und sucht Drohnen aus einem anderen Stock. Bei der Paarung im Flug bricht der Endophallus (Penis) der Drohne im Hinterleib der Königin ab, und das Ejakulat wird in ihrer Samenblase gespeichert. Da sich eine Königin bei ihrem Hochzeitsflug mit zehn bis 15 Drohnen paart, nimmt sie mehrere Endophalli auf. Diese fallen entweder wieder heraus oder die Arbeitsbienen entfernen sie nach ihrer Rückkehr in den Stock.

Nun bleibt die Königin mehrere Tage lang im Stock, um Eier zu legen, kann danach aber noch mehrmals ausfliegen, um sich mit weiteren Drohnen zu paaren und erneut Sperma aufzunehmen, bis ihre Samenblase gefüllt ist. Es gibt zwei Typen von Eiern. Aus unbefruchteten Eiern schlüpfen später Drohnen. Besprüht die Bienenkönigin Eier jedoch nach der Ablage mit Sperma aus ihrer Samenblase, entwickeln sich daraus Arbeitsbienen oder Königinnen.

Auf dem Höhepunkt der »Bienensaison« legt die Königin bis zu 1500 Eier pro Tag, damit ihr Volk kräftig anwächst und so in der Lage ist, den in dieser Jahreszeit üppig vorhandenen Nektar zu verwerten. Sobald die Arbeitsbienen reichlich Nektar in den Stock bringen, legt die Königin weniger Eier, erst gegen Ende des Sommers sinkt ihre »Produktion« auf etwa 500 Eier pro Tag.

Die Lebenserwartung einer Königin ist wesentlich höher als die der Arbeitsbienen. Unter idealen Bedingungen und in einem kühleren Klima wie das Kanadas, in dem die warme Jahreszeit sechs Monate dauert, kann eine Königin bis zu sechs Jahre alt werden. In wärmeren Regionen wie dem Mittelmeerraum oder Neuseeland, wo die »Saison« über zehn Monate verläuft, lebt eine Königin, wenn alles gut geht, zwei Jahre. Damit ist ihre Lebenserwartung bis zu 40-mal höher als die der Arbeitsbienen, die im Sommer nur sechs Wochen alt werden. Würde man dies auf

Menschenjahre umrechnen, dann wäre das so, als betrüge die Lebenserwartung mancher Menschen 3000 Jahre – und nicht nur 71 Jahre, wie der heutige weltweite Durchschnitt ist.

Legt eine Königin zu wenige Eier, ersetzt der Imker sie, um das Volk am Leben zu erhalten. Bei frei lebenden Honigbienen wird sie von den Arbeiterinnen getötet und durch eine junge Königin ersetzt. Mit anderen Worten: Zwar besitzt die Königin Status und Titel, die Macht aber liegt beim Proletariat.

Arbeitsbienen: Schuften rund um die Uhr, zum Wohle des Volks

Sämtliche Arbeiten, die für den Erhalt des Volks und seines Stocks oder Nests notwendig sind, führen die Arbeitsbienen aus. Schon am Tag ihres Schlüpfens legen sie los. Sie fliegen nicht nur aus, um Nektar und Pollen zu sammeln, sondern erzeugen und verarbeiten Wachs, Honig, Gelée royale und Propolis; sie bauen und reinigen die Zellen, in die ihre Königin Eier legt, sie füttern die Larven, die Königin und die Drohnen, umsorgen die Königin, suchen neue Futterquellen und bewachen udn verteidigen den Stock vor Eindringlingen.

Das Leben einer Arbeitsbiene ist in drei je ca. 21-tägige Phasen gegliedert. 21 Tage dauert es von der Eiablage bis zum Schlüpfen aus der Puppe. Während dieser Zeit versorgen ältere Arbeitsbienen die Königin, ihre frisch gelegten Eier und die Larven. Sobald die Arbeitsbiene sich aus ihrer Puppe befreit hat, beginnt sie, die neuen Larven mit Gelée royale aus ihren Futterdrüsen zu füttern. Im weiteren Verlauf des Arbeitsbienenlebens verändern sich diese Drüsen und liefern nun anstatt des Königinnenfutters die Enzyme Invertase und Diastase sowie die Glukose Oxidase, die Nektar in Honig verwandeln.

Nach 21 Tagen Larvenversorgung, der »Hausarbeit«, werden die jungen Bienen in die Welt hinaus geschickt, um Nektar und Pollen zu sammeln. In diesen ungefähr 21 Tagen legen sie in bis zu zehn Stunden am Tag viele Kilometer zwischen Stock und Blüten zurück. Das tun sie so lange, bis ihre Flügel so abgenutzt sind, dass sie nicht mehr fliegen können und sie sterben: Sie arbeiten sich buchstäblich zu Tode.

Ein hartes, arbeitsreiches und auch kurzes Leben – außer für jene Arbeitsbienen, die überwintern. Wenn die Blüten immer seltener werden und die Temperaturen fallen, schottet sich der Stock von der Außenwelt ab, und die Arbeitsbienen überleben bis zum nächsten Frühjahr.

Doch anders als für ihre Königin gestaltet sich diese Zeit für sie kein bisschen gemütlich. Die Arbeitsbienen, die im Körper Fettreserven aufgebaut haben, schließen sich zu einer kugelähnlichen Formation zusammen und erzeugen durch Flügelbewegungen Wärme. Die Königin sitzt in der Mitte dieser Kugel, wo es am wärmsten ist. Weil es den Arbeitsbienen ganz außen bald kalt wird, stülpt sich die Kugel immer wieder nach innen, damit sie sich aufwärmen können. Dadurch wandert die Kugel durch den Bienenstock. Die durch Fächeln erzeugte Wärme verflüssigt den Honig, sodass die erschöpften Bienen immer wieder Energie »tanken« können.

Je niedriger die Außentemperaturen, desto dichter wird die Bienenkugel, bis sie so dicht ist, dass nicht einmal mehr frischer Sauerstoff in ihr Inneres dringt. Die Luft, die die Bienen atmen, ist dann sehr reich an Kohlendioxid, was wiederum den Stoffwechsel der Insekten verlangsamt, sodass sie nicht viel Nahrung benötigen. So verbringen sie die kälteste Zeit des Jahres. Und sobald der Frühling einsetzt, gehen die Arbeitsbienen wieder ihrer normalen Arbeit nach.

Drohnen und ihre verhängnisvollen Affären

Die männlichen Bienen werden als Drohnen bezeichnet. Ihre Augen, ihre Flügel und ihr gesamter Körper sind größer als bei den Arbeiterinnen und der Königin. Sie leben nur für einen Teil der Saison im Stock und haben im Volk eine einzige Funktion: Sie verbreiten den genetischen Code der Königin, von der sie abstammen.

An geeigneten warmen Tagen fliegen die Drohnen zu einem Sammelplatz, der meist 300 bis 500 Meter von ihrem Stock entfernt ist. Dort warten sie auf eine jungfräuliche Königin, die mitten in die Drohnenversammlung fliegt und sich in der Luft mit möglichst vielen von ihnen paart – in größerer Höhe übrigens, häufig bis zu 1000 Meter über dem Boden. Nach der Paarung sterben die Drohnen. Diejenigen unter ihnen, die nicht zum Zug kamen und daher überlebten, werden am Eingang ihres heimischen Stocks von Arbeiterbienen erwartet – und getötet. Sie gefährden als unnütze Esser die Langlebigkeit des Volks.

Lebenswerk

Im Laufe ihres Lebens produziert eine Honigbiene nur ein Zwölftel Teelöffel Honig. Um ein Honigglas mit 450 Gramm Inhalt zu füllen, müssen über 500 Bienen zusammenarbeiten, die dafür insgesamt 80 000 Kilometer Flugstrecke zurücklegen und dabei geschätzt um die zwei Millionen Blüten besuchen.

Folgende Seiten: Imker kontrollieren die Bienenkästen in der Nacht, wenn alle Bienen im Stock sind. Eine gute Gelegenheit, um die Kästen dorthin zu bringen, wo viele Blüten blühen.

Bienendemokratie – die Königin

»Wenn wir uns ein Bienenvolk anschauen und sehen, wie alles funktioniert, werden wir erkennen, dass es in der ›Bienen-Demokratie‹ kein zentrales Entscheidungsgremium gibt, sondern ein ›nominelles Oberhaupt‹, die Königin. Sie widmet ihre gesamte Existenz ihrem Volk, ohne Eigeninteressen nachzugehen. Wir verstehen die Königin gern als matriarchale Herrscherin, doch dieses Bild ist falsch. Denn wenn das Volk empfindet, dass im Stock nicht alles so ist, wie es sein sollte, und dass auch nur die geringste Gefahr für seinen Weiterbestand besteht, wird die Königin sofort ersetzt. Gewöhnlich geschieht dies durch ein Duell der Königinnen, bei dem nur die beste überlebt.«

— Dr. Oleksiy Losyev, Technischer Imkereikoordinator und Bienenexperte

»Bienen sind die ursprünglichen Sexarbeiterinnen und werden von Blumen mit Nektar bezahlt.«

— **Nick Worthington**

Rechts: Von Menschen gebaute Bienenkästen sind oft mit kontrastreichen Mustern bemalt, die der Königin und den Arbeiterinnen helfen sollen, in den richtigen Stock zurückzufinden. Allerdings stellte der Imker Dave Campbell überrascht fest, dass die Muster auf dem UVIVF-Foto der Kästen nicht sichtbar sind.

Ein Zuhause für Honigbienen

Bei einem Spaziergang stößt man mitunter auf einen Bienenschwarm, der wie eine riesige Traube an einem Ast oder in einer Baumhöhle hängt. Imker:innen fangen den Schwarm dann ein und bringen ihn in Bienenkästen unter.

Heutige Bienenkästen bestehen meist aus Holz und sind in unterschiedlichen leuchtenden Farben gestrichen, damit die Arbeitsbienen nach jedem Flug zum richtigen Volk zurückfinden. Bienenkästen stehen immer auf Beinen oder Ziegeln, damit von unten Luft herankommt.

Über dem Einflugloch hängen in den Zargen die Rahmen für die Bienenwaben. In jedem einzelnen Rahmen legen die Bienen Tausende von sechseckigen Wachszellen an. In diesen Zellen werden Eier, Larven und Puppen untergebracht, aber auch Vorräte an Bienenbrot, Honig, Propolis und Gelée royale.

Das für den Bau der Zellen notwendige Wachs wird von den Wachsdrüsen erzeugt und von den Bienen durchgekaut, um es geschmeidiger zu machen. Neu entstehende Waben sind zunächst rund und werden dann zum sechseckigen Querschnitt umgeformt, der eine stabilere Statik aufweist und außerdem eine optimale Stauraumgröße bietet.

Wird ein Bienenkasten nicht gerade vom Imker geöffnet, ist es in ihm stockfinster – die Bienen können nur durch Duftstoffe und Pheromone kommunizieren. Beobachtet man sie im Stock, so kann man Gruppen von Arbeitsbienen sehen, die einander mit ausgestreckten Saugrüsseln gegenüberstehen. Bei diesem Trophallaxis genannten Prozess werden Pheromone ausgetauscht. Als Trophallaxis bezeichnet man aber auch den Vorgang, bei dem Nektar von den Sammelbienen an Bienen im Stock und dann innerhalb des Stocks von Biene zu Biene weitergegeben wird.

Jedes Mal, wenn die Königin ein Ei legt und daraus eine Larve schlüpft, setzt diese ein Pheromon frei, das sämtlichen Arbeitsbienen im Stock mitteilt, dass eine Königin anwesend und aktiv ist, dass alles in Ordnung ist und dass sie mit ihrer Arbeit weitermachen können.

Auf dem Höhepunkt der Saison ist der Stock überfüllt, was auch negative Auswirkungen hat. Zwar steht der Königin noch genügend Platz zur Verfügung, doch die Kommunikation über Pheromone unter den Arbeiterinnen erweist sich als immer schwieriger. In diesem Fall versenden sie die Botschaft, dass der Stock zu klein geworden ist, und lösen das Schwärmen aus, sodass das Volk sich teilt.

Das Ausschwärmen kann auch dazu beitragen, die ideale Temperatur im Stock aufrechtzuerhalten, die bei 33 °C liegt und die Entwicklung der Brut optimal begünstigt. Steigt die Populationsdichte allzu hoch an, wird es im Stock zu warm, und die Brut (Eier, Larven und Puppen) wird buchstäblich »gekocht«. Doch bevor das eintritt, schwärmen die Bienen aus oder schicken mehr Sammelbienen hinaus.

Eine weitere Strategie gegen Überhitzung besteht darin, Bienen mit dem Wasserholen zu beauftragen. Das Wasser wird dann über den Zellen mit der Brut ausgesprüht. Danach stellen sich die Arbeiterinnen unten an das Einflugloch und fächeln mit ihren Flügeln Außenluft über die benetzten Zellen.

An der Bienenbrut kann ein Imker erkennen, ob im Stock alles in Ordnung ist. Wenn er sieht, dass sich die Brut normal entwickelt, weiß er, dass die Bienen eine Innentemperatur von 33 °C konstant halten.

Weil Honigbienen so fleißig sind, ist es nur fair, ihnen zu ermöglichen, unter guten Bedingungen zu arbeiten.

Mehr Bienen, bitte!

Die meisten Menschen mögen Honig und die anderen Erzeugnisse der Bienen (siehe S. 148–149). Noch wichtiger aber als der Honig ist die von diesen Insekten geleistete Bestäubung.

Ebenso wie Tiere müssen sich auch Pflanzen vermehren, um als Art weiterzubestehen. Ihre Fortpflanzungsorgane befinden sich in den Blüten, doch weil Pflanzen sich nicht fortbewegen, sind sie in vielen Fällen auf die Hilfe tierischer Bestäuber wie Vögel, Fledertiere und Insekten angewiesen.

Die Geschlechtsorgane und Nektar erzeugenden Teile einer Blüte liegen eng beieinander, sodass Honigbienen und andere Bestäuber bei der Aufnahme von Nektar zwangsläufig mit Staubbeuteln bzw. Narbe in Kontakt kommen. Vom Körper der Biene fällt der Pollen beim Besuch der nächsten Blüte auf deren Narbe, und das Insekt hat seinen »Liebesdienst« erfüllt.

Bestäubung ist aber keine Gefälligkeit, die Bienen den Pflanzen bewusst erweisen, sondern eigentlich eher ein positiver Nebeneffekt. Welche große Rolle er spielt, erklärt der Ökologe und Bestäubungsexperte Dr. David Pattemore:

> Honigbienen sind die weltweit wichtigsten Bestäuber von Nutzpflanzen. Ein Großteil der zu bestäubenden Nutzpflanzen wird von ihnen bestäubt. Die aus Zentralamerika stammenden Avocadobäume, die in Ozeanien gezüchtet werden, lassen wir von einer Biene aus Europa, der Westlichen Honigbiene *(Apis mellifera)*, bestäuben. Wir bauen in Neuseeland Nutzpflanzen aus der ganzen Welt an, doch den Bienen ist es gleichgültig, woher diese Pflanzen stammen, denn sie sind Generalisten. Als Mitglieder riesiger Völker benötigen sie Pollen und Nektar, deshalb bestäuben sie alle Pflanzen, gleichgültig, wo diese ursprünglich heimisch waren.

»Honigbienen sind die weltweit wichtigsten Bestäuber von Nutzpflanzen. Ein Großteil der zu bestäubenden Nutzpflanzen wird von ihnen bestäubt.«

— Dr. David Pattemore, Ökologe und Bestäubungsexperte

Doch auch wenn Honigbienen einfach nur aufgrund ihrer weltweiten Verbreitung und ihres zahlreichen Vorkommens statistisch die fleißigsten Bestäuber sind, gelten sie nicht unbedingt auch als die besten.

> Honigbienen transportieren oft nicht so viel Pollen wie andere Bestäuber, darunter etwa die Hummeln. Doch weil ihre Völker so groß sind und man sie nach Belieben umsiedeln kann, beispielsweise in Obstplantagen, erreichen sie diese hohe Bestäubungsleistung. Inzwischen ist uns klar, dass wir die Leistung anderer Bestäuber wie Fliegen und Wildbienen unterschätzt haben. Der Unterschied zwischen einer rentablen und einer unrentablen Nutzpflanze liegt oft in der zusätzlichen Bestäubung, die stattfindet, wenn die Bienen nachts schlafen oder aufgrund kühlerer Witterung in ihrem Stock bleiben.

Letztlich aber sind Honigbienen von Menschen kontrollierte Nutztiere, Wildbienen und andere Insektenarten dagegen nicht. Daher können sie von uns Menschen nicht so gesteuert werden, wie wir das bei Bienen tun. Eine Wildbiene, die ihr Nest im Boden anlegt, kann nicht so einfach umgesiedelt werden wie etwa die Kästen mit Bienenvölkern. Dr. Pattemore fügt seiner Erläuterung noch hinzu:

> Honigbienenvölker sammeln mehr Honig, als sie brauchen, um Vorräte für Schlechtwetterperioden und den Winter anzulegen. Auch Hummeln bilden Völker, leben aber nur einen Sommer lang. Die Königin krabbelt im Frühjahr aus ihrem Unterschlupf im Boden, in dem sie als Einzige überwintert hat, und gründet ein neues Volk, das im Herbst abstirbt. Wiederum überwintern nur die Jungköniginnen, die in diesem Sommer geschlüpft sind. Deshalb brauchen Hummeln keinen Wintervorrat und lagern in ihrem Nest höchstens genügend Nektar für einen Tag. Wohl aus diesem Grund haben Menschen nie versucht, Hummeln zu züchten.
>
> Nichtsdestotrotz ist eine einzelne Hummel effizienter in der Bestäubung als eine einzelne Honigbiene. Daher sollten wir eigentlich, um eine bessere Bestäubung von Nutzpflanzen zu erzielen, Hummeln züchten. Honigbienen sammeln nur bei gutem Wetter. Wenn es regnet, bleiben sie

Vorhergehende Seiten: Honigbienen verstauen Honig in Zellen, die sie zuvor aus Bienenwachs gebaut haben. Die sechseckige Zellenform spart Platz und Baumaterial.

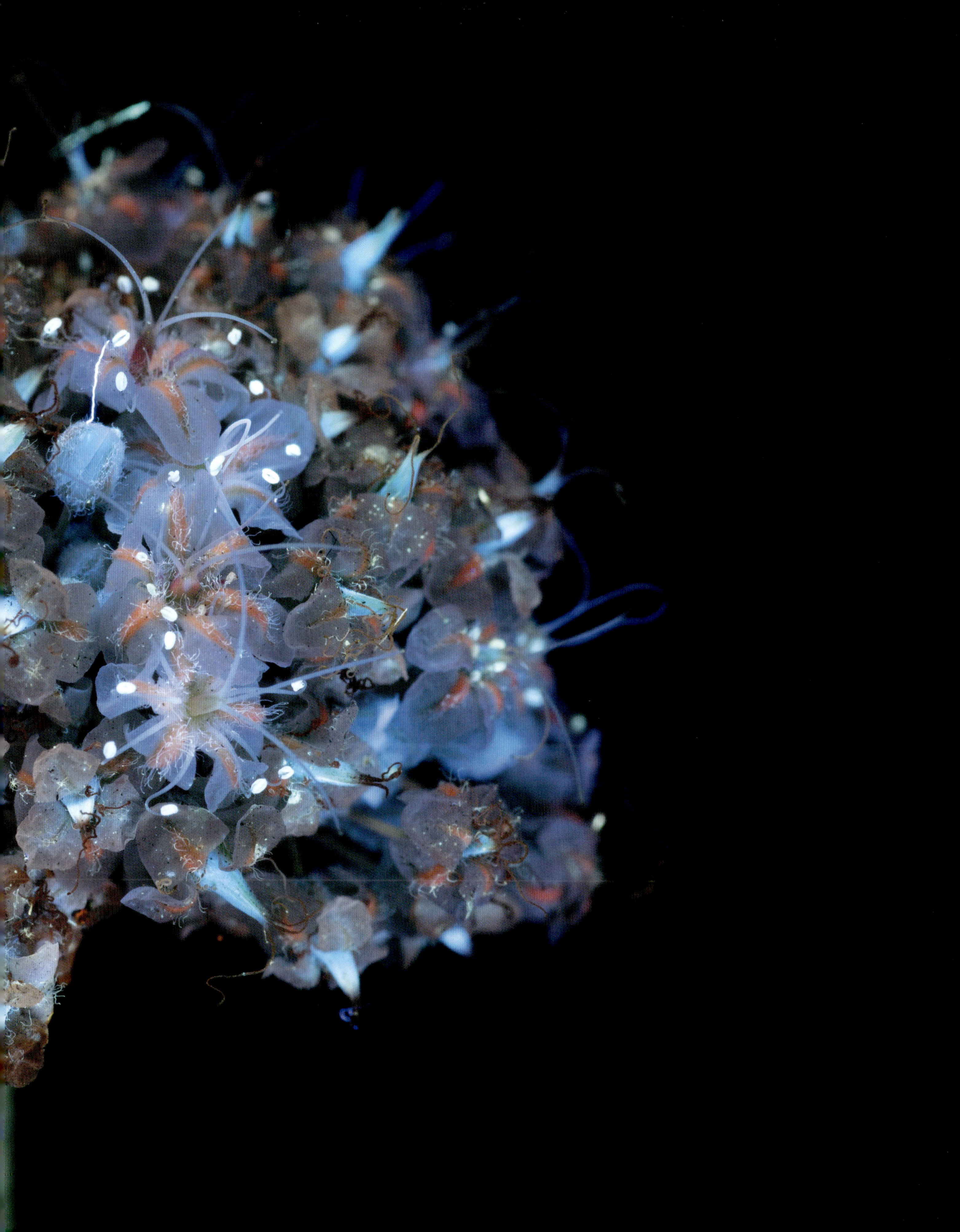

> in ihrem Unterschlupf und ernähren sich von ihren Vorräten. Diesen Luxus können sich Hummeln nicht erlauben. Sie müssen auch bei schlechtem Wetter ausfliegen und sind deshalb bei wechselhaften Wetterbedingungen die besseren Bestäuber. Und so haben sie auch als Bestäuber von Nutzpflanzen ein hohes Potenzial.

Der Imkereimanager Brian McCall stimmt dem zu. »Hummeln leisten Unglaubliches. Sie verfügen nicht nur über große Körper und sehr viele Härchen, sondern ihr tiefes Summen regt auch die Pollenproduktion der Pflanzen an. Sie arbeiten mehr und länger als Honigbienen, besuchen mehr Blüten und bestäuben demzufolge auch mehr.«

Dennoch bleiben Honigbienen schon allein wegen ihrer großen Populationen und ihrer Kontrollierbarkeit die Favoriten, wie der Wissenschaftler Dr. James Sainsbury erklärt:

> Kontrollierte Bestäubung, für die Hunderte von Bienenkästen in Obstplantagen gebracht werden, stellt eine relativ neue Entwicklung dar. Bisher trugen wir große Bienenkästen in die Plantagen, weil das die gebräuchliche Art des Umgangs mit Honigbienen war. Könnte es eine andere oder einfachere Methode geben?
>
> Ein mit Honig gefüllter Kasten wiegt um die 40 Kilogramm, zwei sind dann schon gut 80 Kilogramm schwer. Es ist viel Arbeit, sie umzuziehen, auch wenn sie auf Paletten stehen und von Maschinen bewegt werden. Die Möglichkeiten der Unterbringung von Bienenkästen in Obstanpflanzungen sind beschränkt. Möchte man sie über das gesamte Grundstück verteilen oder kommen sie alle in eine Ecke? Auch kann man nicht in allen Plantagen nach Belieben mit dem Traktor herumfahren. Deshalb fragen wir uns, ob es noch weitere Möglichkeiten des Honigbienen-Managements gibt, die zu derart hoch strukturierten Umgebungen wie modernen Obstplantagen besser passen würden, wie etwa Tunnelhäuser oder aber überdachte Plantagen.

Fleißige Bienen (und andere Bestäuber) ermöglichen weltweit den Fortbestand vieler schöner und nützlicher Pflanzen. Ohne diese Tiere wären die Welt weniger bunt und unser Speisezettel sehr viel eintöniger. Wenn wir also über den Rand des Honigglases schauen, entdecken wir in Speisekammer und Kühlschrank eine Vielzahl von Produkten, die wir dem Fleiß der Bienen verdanken.

Selbstbestäubung

Es gibt auch Pflanzen, die sich selbst bestäuben, das heißt, ihre Narbe kann vom eigenen Pollen befruchtet werden. Das führt mitunter jedoch dazu, dass sich diese Pflanzen selbst klonen – eine einzige erkrankte Blüte kann dann alle schädigen. Deshalb gingen viele Pflanzen im Laufe ihrer Evolution zur Fremdbestäubung über, bei der die Befruchtung nur durch das Zusammenwirken von Pollen und Samenanlagen zweier Pflanzenexemplare zustande kommt, was wiederum eine größere genetische Vielfalt zur Folge hat.

»Anders als andere Bestäuber werden Bienen seit Tausenden von Jahren von Menschen eingesetzt. Auch wenn andere Insekten noch effektiver bestäuben, sind wir bislang nicht in der Lage, sie ebenso erfolgreich einzusetzen und zu kontrollieren wie Honigbienen.«

— Dr. James Sainsbury, Wissenschaftler

Feinde, Parasiten und andere Schädlinge: Probleme und Gefährdung unserer kostbaren Bestäuber

Die fleißigen Honigbienen arbeiten sich buchstäblich zu Tode (siehe S. 57). Doch kann sie der Tod bedauerlicherweise auch früher ereilen, denn je nach Standort sind sie den unterschiedlichsten Gefahren ausgesetzt.

Furchtbare Feinde

Honigbienen haben mehrere natürliche Feinde, zu denen beispielsweise Vögel, Spinnen, Kröten, Eidechsen und Stinktiere zählen. So kann eine ausgeflogene Sammlerbiene beispielsweise im Flug von einem Vogel geschnappt, in einem Spinnennetz von dessen Eigentümerin ausgesaugt oder aber von nicht netzbauenden Spinnen angesprungen werden.

Auch im Stock ist sie nicht so sicher, wie man meinen könnte. Kröten, Eidechsen und Bienen fressende Vögel lauern mitunter vor Einfluglöchern. Mäuse und andere Nagetiere brechen sogar in Stöcke ein, um Pollen, Honig und Bienenbrut zu vertilgen. Und Stinktiere kratzen am Bienenstock, um dessen Bewohner herauszulocken und sie aufzufuttern. Haben sie erst einmal einen ergiebigen Bienenstock gefunden, suchen sie ihn Nacht für Nacht wieder auf. Beutegreifer, die Honig zu schätzen wissen, wie etwa Bären und Honigdachse, zerstören die Stöcke, um an das flüssige Gold zu kommen; auch sie kehren gern zum Tatort zurück, bis dort nichts mehr zu holen ist.

Zu den Beutegreifern aus der Insektenwelt, die es auf Bienen abgesehen haben, zählen Raubfliegen und bestimmte Ameisenarten. Und obgleich Bienen und Wespen näher verwandt sind, kennen Wespen gegenüber Bienen keine Gnade.

Pest, Parasiten und Varroamilben

Zu den Schädlingen, die Bienenstöcke befallen, zählen Beutenkäfer und Wachsmotten. Der Kleine Beutenkäfer etwa dringt in den Bienenstock ein und legt dort seine Eier. Sind die Larven geschlüpft, graben sie Tunnel durch die Honigwaben und fressen alles an Brut, Pollen und Honig, was ihnen in den Weg kommt. Außerdem verunreinigen sie den Honig durch ihren Kot und verbreiten mitunter Hefepilze, die den Honig zum Gären bringen. Ein starker Befall dieser Käfer vertreibt die Bienen aus ihrem Stock und kann sogar zum Zusammenbruch des Volks führen. In einen Bienenkasten eingedrungene Raupen der Wachsmotten fressen Wachs, Pollen und sogar den Bienenkot.

Ein weiterer wichtiger Schädling der Honigbienen sind die parasitär lebenden Varroamilben, die Viren von Bienenkrankheiten übertragen. Die Honigbienenforscherin Dr. Michelle Taylor weiß mehr darüber:

> Wenn man Varroa nicht bekämpft, stirbt das Volk. Davor beobachtet man das, was wir als Parasitäres Milbensyndrom (PMS) bezeichnen. Die Larven verdrehen sich in den Zellen, die Brut wirkt blass und fleckig, und erwachsene Bienen haben deformierte Flügel und Hinterleibe. Varroamilben sind Überträger von Viren, die einen Teil des Volks befallen. Gegen diese Viren gibt es kein Medikament. Die einzige Möglichkeit, sie zu bekämpfen, besteht darin, gegen die Varroamilben vorzugehen. Wenn wir die Zahl der Überträger verringern können, senken wir die Menge an übertragenen Viren.

Der Imker Dave Campbell fügt noch hinzu: »Ein unbehandeltes Bienenvolk bricht zusammen. Der Lebenszyklus der Milben ist zwar kurz, dennoch gelingt es den Schädlingen, Bienenvölker wieder und wieder zu befallen. Es ist schwer, ihnen Herr zu werden, zudem sich alles, was benachbarte Imker tun oder nicht tun, auf die eigenen Völker auswirkt. Es braucht nur eine einzige infizierte Biene in einen fremden Stock zu fliegen, und schon sind die Milben zurück.«

»Varroamilben sind die schlimmsten Schädlinge, gegen die Imker zu kämpfen haben. Die Milbe ist winzig klein und haftet sich an die Larve, bevor diese sich verpuppt. Sie setzt sich am Thorax hinter den Flügeln fest, spritzt, ähnlich wie ein Blutegel, einen Speichel, der das Fettgewebe der Biene verdaut, und saugt dann das verflüssigte Fett auf. Die Milbe bleibt bei der Biene, die als erwachsene Form verkrüppelt ist und nicht mehr genügend Fettzellen besitzt, um Energie zu speichern. Auf diese Weise zerstören Varroamilben ganze Bienenvölker.«

— Dave Campbell, Imker

Rechts: Eine Westliche Honigbiene, an der zwei Varroamilben sitzen. Die Milbe am Bein ernährt sich von der Biene, während die am Rücken einfach nur eine »Mitfluggelegenheit« nutzt, nachdem sie eine andere Biene ausgesaugt hat.

Krankheiten und ... Menschen?

Bei so vielen Fressfeinden und Schädlingen ist es geradezu ein Wunder, dass Bienen bis auf den heutigen Tag überlebt haben. Zum Glück gibt es reichlich gezüchtete Honigbienen auf der Welt. Allerdings ist genau das auch ein Problem. Denn Krankheiten stellen die größte Bedrohung für Honigbienen dar. Und wenn Menschen auf diese Krankheiten nicht richtig reagieren, wächst dieses Problem ins Unermessliche.

Es gibt zahlreiche Schädlinge und Krankheiten, die Honigbienen befallen können. Zu ihnen zählen Bakterien, Pilze, Protozoen und Viren. Sackbrut, Europäische Faulbrut (EFB) und Amerikanische Faulbrut (AFB) treten häufiger auf. AFB wird durch die Bakterienart *Paenibacillus larvae* ausgelöst und ist für Honigbienen tödlich. Wie der Name ahnen lässt, befällt sie die Brut im Stock. Wenn junge Bienenlarven Sporen von *Paenibacillus larvae* aufnehmen, vermehren diese sich im Gewebe der Larven, die daraufhin im Puppenstadium sterben.

Dr. Michelle Taylor erläutert, wie gefährlich diese Krankheit ist:

> AFB tötet die Larven. Sobald diese ausgerottet sind, kommen keine erwachsenen Bienen nach, und das betroffene Volk wird sich von diesem Verlust nie wieder erholen. Sobald der Befall erfolgt ist, kann nichts mehr dagegen unternommen werden. AFB-Sporen überleben in der Natur jahrzehntelang. Vor einigen Jahren testete das US-Landwirtschaftsministerium eingelagerte Sporen darauf, ob sie noch aktiv waren. Sie stellten fest, dass selbst 40 Jahre alte Sporen noch lebensfähig sind. Man muss diese Sporen also radikal loswerden, sonst bricht die Krankheit immer wieder aus.

Mit AFB infizierte Bienenkästen müssen vernichtet werden, um die Ausbreitung der Sporen zu verhindern; gewöhnlich verbrennt man sie. »Man muss einen befallenen Bienenstock mit allen Bienen darin zwangsläufig sofort verbrennen. Tut man das nicht, könnten die Rähmchen irrtümlich in andere Bienenstöcke eingesetzt werden, was zu einer weiteren Verbreitung der Krankheit führen würde«, warnt Dr. Taylor.

Zum Glück macht die Erforschung dieser Krankheit Fortschritte. »Es stellte sich heraus, dass Hunde AFB-Sporen riechen können. Noch sind wir nicht in der Lage, dieses Wissen anzuwenden, doch wir hoffen, dass wir eines Tages entsprechend trainierte Hunde zwischen Bienenkästen hindurchführen und die Hunde dann merken, in welchen davon sich AFB-Sporen befinden.«

Vor Kurzem erteilte das US-Landwirtschaftministerium sogar dem ersten Impfstoff gegen AFB eine eingeschränkte Zulassung. Dieser Impfstoff besteht aus inaktiven Bakterien, die dem Gelée royale zugegeben werden, mit dem die Königin gefüttert wird. Er geht in ihre Eierstöcke über und über sie in ihren Nachwuchs, der in Reaktion darauf eine Immunität gegen AFB entwickelt. Derzeit kann man diesen Impfstoff nur in den USA kaufen, und man wird erst sehen, wie wirksam er ist, doch scheint er ein Schritt in die richtige Richtung zu sein.

Viele andere Gefahren für Honigbienen gehen bedauerlicherweise von Menschen aus. Dazu zählen Schädlingsbekämpfungsmittel ebenso wie Umweltverschmutzung (siehe S. 94–96) sowie ein falscher Umgang mit Bienenvölkern.

Dr. Michelle Taylor erklärt: »Wir wollen dafür sorgen, dass unsere Bienen auch in Gebieten überleben, in denen sie gehalten wurden, bevor dort die Krankheiten ausbrachen. Leider ist es uns gelungen, die Varroamilben in aller Welt zu verbreiten, beginnend mit Vietnam. Heute grassieren sie sogar in Australien, das letzte Land der Welt, in denen es sie bis vor Kurzem noch nicht gab. Bienen können große Gewässer nicht überfliegen, und so haben Menschen sie in Transportkisten, auf Schiffen und in Flugzeugen überallhin gebracht.«

Gegen die natürlichen Fressfeinde der Bienen können wir vielleicht nicht viel tun, aber wir können auf jeden Fall schlechtes Bienenmanagement und die Ausbreitung von Krankheiten bekämpfen, die zum Verlust von Bienenpopulationen führen.

»Die größten Gefahren für unsere Bienen sind Krankheiten und Menschen, die mit ihren Stöcken und Bienenvölkern nicht sachgerecht umgehen.«

— Rhys Casley, Imkereimanager

02./ Schutzschild vor Krankheiten

Schutzschild vor Krankheiten

Einleitung Nick Worthington

In diesem Buch geht es nicht nur um die Geschichte, wie die Blumen die Bienen verführen und welche Konsequenzen sich für uns daraus ergeben, sonders es geht auch um Mānuka oder die Südseemyrte, wie diese Pflanze noch genannt wird. Eine Geschichte, die sich vielleicht niemals hätte ereignen sollen.

Vor 200 Jahren führten europäische Siedler die Westliche Honigbiene in Neuseeland ein. Dort gab es bereits zahlreiche einheimische Bienenarten, doch keine davon produzierte Honig. So kam es schließlich zum Kontakt zwischen den Honigbienen und dem Mānukastrauch, und aus dieser Verbindung ging ein Honig hervor, der so ganz anders war als alle anderen Honigsorten. Er roch und schmeckte stechend und war dunkel und körnig – nicht zu vergleichen mit dem cremigen Kleehonig, den die Europäer so liebten. Anfangs galt er als minderwertig und verkaufte sich nicht gut. Deshalb war er billig und ließ sich auch nach Übersee vermarkten.

Allmählich kamen in verschiedenen Regionen der Welt, vor allem aber in Deutschland, Gerüchte um seine besondere Heilwirkung auf. Menschen, die ihn gekauft hatten, berichteten, dass er Halsschmerzen linderte, Atembeschwerden und Wunden heilte, Haar glänzend machte und insgesamt Wohlbefinden auslöste.

Tatsächlich war es ein Honig wie kein anderer!

Im späten 20. Jahrhundert begann man in einigen Krankenhäusern mit Mānukahonig zu experimentieren. Als Wundsalbe eingesetzt, bekämpfte er gefährliche Krankenhauskeime. Bald wurde seine Heilwirkung weltweit gerühmt – und nicht nur bei der Wundversorgung, sondern auch als Hauptbestandteil von Lutschtabletten gegen Halsschmerzen, von Nasensprays und vielen anderen Medikamenten. Und trotz seines kräftigen Aromas, seiner dunklen Farbe und seiner körnigen Textur galt er plötzlich sogar als köstlich.

Wissenschaftliche Studien bewiesen die antiviralen, antibakteriellen und antiseptischen Eigenschaften dieses ganz besonderen Honigs. Naturheilkundler:innen, Ärzt:innen und Heilpraktiker:innen berichteten von ihren Erfahrungen. Ein Löffel Mānukahonig am Morgen beuge Erkältungen vor, heile äußerlich angewendet Akne und Ekzeme und beseitige, mit Zitronensaft vermischt, Halsschmerzen und Nebenhöhlenentzündungen. Es kamen sogar Erfolgsstorys vom Einsatz gegen bestimmte Krebsarten auf.

Man wusste, dass der Honig wirkte, doch niemand konnte erklären, warum Mānuka diese Heilkraft aufwies. Das Misstrauen gegen Naturheilmittel und der Glaube an synthetische Medikamente bewirkten, dass der Honig weiterhin zwar als leckerer Brotaufstrich, nicht aber als wirksamer Medikamentenbestandteil galt.

Wer sich jedoch nur auf die Heilkräfte von Honig konzentriert, verkennt die anderen Komponenten, die das ausgeklügelte Gesundheitssystem der Honigbienen ausmachen. So wirkt etwa Propolis, eine harzige Substanz aus Bienenwachs, Bienenspeichel sowie Blatt- und Knospenharzen, ebenfalls antibakteriell, antiviral und entzündungshemmend und bekämpft bekannte Pathogene. Propolis wird von den Bienen gezielt eingesetzt, indem sie Eindringlinge damit regelrecht einbalsamieren und dadurch desinfizieren. Wenn Honig die Energiequelle der Bienen ist, so fungiert Propolis als ihr Schutzschild vor Krankheiten.

Die Natur steckt voller Geheimnisse, und wir sind gerade dabei, einige der faszinierenden Rätsel um den Mānukahonig zu lösen.

Der Zusammenbruch der Völker

»Wir sind alle das Produkt unserer Umwelt« – wer kennt sie nicht, diese Redensart? Was für Menschen gilt, gilt auch für Honigbienen. Ihr Leben, ihre Produktivität und ihre Gesundheit, all das wird von Umweltbedingungen beeinflusst. Jegliche Veränderung in ihrer Umwelt wirkt sich auf sie aus. Leider sind es nur allzu oft keine positiven Veränderungen, und häufig werden sie von Menschen verursacht.

Klimaprobleme

Die offensichtlichste ist der Klimawandel, der die Umwelt einer Honigbiene ebenso radikal verändern kann wie die jedes anderen Lebewesens auf unserem Planeten. Der Wissenschaftler Dr. David Pattemore ist sich sicher, dass sich der Klimawandel auf vielfache Weise auf Honigbienen auswirken wird:

> Insekten sind wechselwarm, das heißt, ihre Körpertemperatur hängt von der Außentemperatur ab. Wir wissen nicht, wie sich die Klimaerwärmung auf Physiologie, Verhalten und Fortpflanzung dieser Tiere auswirken wird und welche Folgen Wetterextreme für sie haben werden. Die Blühperioden der meisten Pflanzen richten sich nach der Anzahl der Tageslichtstunden, doch der Zeitpunkt, zu dem die Insekten aktiv werden oder schlüpfen, hängt von den Außentemperaturen ab. In den letzten Jahrtausenden waren Insekten und Pflanzen aufeinander abgestimmt, doch während jetzt die Temperaturen ansteigen, bleibt die Anzahl der Tageslichtstunden unverändert. So kann es zu Unstimmigkeiten zwischen dem Beginn der aktiven Saison der bestäubenden Insekten und den Blühperioden kommen.

Doch nicht nur der Klimawandel mit seinen extremen Wetterereignissen und Temperaturschwankungen beeinflusst das Leben der Honigbiene, sondern auch direkte Eingriffe des Menschen in die Umwelt wirken sich auf ihre Aktivitäten aus.

Das Schwinden von Lebensräumen

Im gleichen Maße, wie die menschliche Population weltweit wächst, werden landwirtschaftliche und naturbelassene Flächen in Siedlungsraum umgewandelt. Menschen brauchen Infrastruktur, und aus Dörfern und dünn besiedelten Landstrichen wurden durch ein Netz von Verkehrswegen verbundene Großstädte. Jede Stadt ist ein Areal, in dem Nektar spendende Blüten rar werden. Städte und ihr Umland sind für Bienen und andere Insekten, die Nahrung, Ressourcen und Unterschlupf suchen, eine feindselige Umgebung.

Umweltverschmutzung

Die zunehmende Urbanisierung und Industrialisierung wirken sich negativ auf die Qualität der Luft aus. Auf ihrer Jagd nach Nektar fliegen Bienen durch diese Luft, und wenn sie verschmutzt ist, beeinflusst dies die Bienen unmittelbar. Eine 2020 durchgeführte indische Studie zeigte auf, dass die Riesenhonigbiene *(Apis dorsata)* durch Feinstaub beeinträchtigt wird. Bienen wurden in vier Teilen von Bangalore mit mäßiger, niedriger, gemäßigter und hoher Feinstaubbelastung zum Honigsammeln ausgeschickt. Die in dem am geringsten belasteten Gebiet aktiven Bienen trugen doppelt so viel in ihren Stock zurück wie die Bienen, die in dem Viertel mit hoher Belastung unterwegs gewesen waren.

Hohe Luftverschmutzung erschwert die Arbeit der Sammelbienen. Sie überdeckt die von den auf Bestäubung angewiesenen Pflanzen abgesonderten Duftstoffe, sodass die Bienen länger nach geeigneten Blüten suchen müssen. Das wiederum wirkt sich auf die Bestäubung aus: Die Insekten sind weniger effektiv.

Als die Bienen anschließend ins Labor geholt wurden, stellte man fest, dass 80 Prozent der in Gebieten mit gemäßigter und hoher Luftverschmutzung aktiven Bienen gestorben waren, während nur 20 Prozent jener Bienen fehlten, die in einer landwirtschaftlichen Region und bei niedriger Luftverschmutzung unterwegs gewesen waren. Auch fanden sich am Körper der bei hoher Luftverschmutzung fliegenden Bienen mehr Feinstaubpartikel, sie besaßen weniger Blutzellen und neigten zu unregelmäßigem Herzschlag.

Schädlingsbekämpfungsmittel

Die Industrialisierung der Landwirtschaft führt zum Einsatz von Schädlingsbekämpfungsmitteln, die für Honigbienen ein weiteres Problem darstellen. Häufig eingesetzt werden Insektengifte und Unkrautvernichter. Sie alle beeinträchtigen die Qualität von Luft, Boden und Wasser.

Viele in der Vergangenheit eingesetzte Schädlingsbekämpfungsmittel töteten nicht nur schädliche Insekten, sondern auch Nützlinge, darunter Bestäuber wie Honigbienen. Die Weiterentwicklung dieser Mittel soll diese negative Nebenwirkung verhindern. Doch leider ergab eine vor Kurzem in Irland durchgeführte Studie, dass Nektar und Pollen von im Jahr 2023 gepflückten Wildblumen immer noch Bestandteile der 2018 von der Europäischen Kommission verbotenen Neonicotinoid-Insektizide enthalten. Dr. David Pattemore erklärt, warum Insektizide weiterhin unsere Honigbienen bedrohen:

> Es handelt sich um ein noch relativ junges Forschungsgebiet. Es gab einen weltweiten Umschwung, und zielgenauere Insektizide haben die Mittel mit breitem Spektrum verdrängt, die sich sehr stark auf Insektenpopulationen ausgewirkt hatten. Anstatt einfach alles abzutöten, zielen sie auf Tiere ab, die die Pflanzen anfressen wollen. Doch auch diese Chemikalien tauchen im Blütennektar auf.
>
> Wir haben weniger Anhaltspunkte dafür, dass diese chemischen Stoffe für Honigbienen unmittelbar tödlich sind, doch zeichnet sich ab, dass sie sich negativer auf unsere einheimischen neuseeländischen Arten auswirken als auf die Honigbienen.
>
> Eine Honigbiene muss in der Lage sein zu lernen, effektiv für ihr Volk Nahrung zu sammeln. Eine Beeinträchtigung ihrer Lernfähigkeit wirkt sich also auf ihr Volk und auf die gesamte Honigbienenpopulation aus. Wir dürfen nicht einfach mitansehen, wie ganze Populationen [anderer Bienenarten] vom Aussterben bedroht sind. Deshalb müssen wir uns mit diesen Zusammenhängen beschäftigen und lernen, mit ihnen umzugehen.

»Es gibt Bienenarten, die bedroht oder schon im Aussterben begriffen sind. Zu den Ursachen zählen Pestizide und Lebensraumverlust, sie betreffen Bienen ebenso wie jedes andere Tier.«

— Brian McCall, Imker

Bei der industriellen Bewirtschaftung großer Flächen entscheidet man sich oft für Monokulturen, sodass nur ein und dieselbe Art angepflanzt wird. Für Honigbienen ist das nicht so schlimm, doch viele einheimische Wildbienenarten sind Nahrungsspezialisten. Wenn ihre Nahrungsquelle wegfällt, verschwinden sie ebenfalls.

Herbizide können ebenfalls Probleme verursachen, auch wenn sie eigentlich dazu gedacht sind, bestimmte Pflanzen zu vernichten und nicht Tiere. Der Imker Brian McCall erläutert, warum das so ist: »Unkrautvertilgungsmittel werden gegen Ginster und andere Pflanzen eingesetzt. Bei ihnen geht es weniger darum, dass sie in den Bienenstock geraten, sondern dass sie versprüht werden: Benachrichtigt man uns zu spät und sind bereits Sammelbienen unterwegs, können wir unsere Bienenkästen nicht umstellen. Unsere Bienen fliegen also, wenn gesprüht wird. Das größte Problem bei Herbiziden sind spezielle Substanzen, die für das Anhaften des Herbizids an den Pflanzen sorgen. Diese überziehen auch die Biene und machen sie schwerer. Sie kann dann nicht mehr in den Stock zurückfliegen und geht ein. Eine gesamte Sammelbienenpopulation kann auf diese Weise innerhalb eines Tages ausgelöscht werden. Dadurch werden die Völker in der Honigproduktion um Wochen, mitunter sogar um Monate, zurückgeworfen. Manchmal geht ein so großer Anteil an der Population zugrunde, dass sich das Volk nicht mehr davon erholt.«

Am wenigsten davon beeindruckt zeigte man sich in Nordamerika, wo jedoch laut Brian McCall die schlimmsten Auswirkungen zu beobachten waren: »In Amerika kam es zum Kollaps der Bienenvölker, der durch mehrere Ereignisse ausgelöst wurde, darunter ein enormer Pestizideinsatz im Bienenstock und in der Umwelt. Dies führte zu großem Stress, einer hohen Virenbelastung und Nahrungsmangel.«

Es ist naheliegend, dass der Einsatz von Pestiziden die Sammelbienen beeinträchtigt, die in direkten Kontakt mit ihnen kommen. Doch entstehen, so Brian McCall weiter, durch ihren Einsatz auch weniger auffällige, wenngleich nicht minder gravierende Nebenwirkungen, mit denen wir uns befassen sollten.

> Ist die Sammelbienenpopulation durch Krankheit oder chemische Mittel geschädigt, reagiert das Volk: »Wir brauchen mehr Nahrung.« Daraufhin werden alle im Stock befindlichen Arbeitsbienen – auch solche, die gar nicht für das Nektarsammeln bereit sind, weil sie ihre Jugendhormone noch nicht weitergegeben haben – trotzdem hinausgeschickt. Da sie auf Futtersuche gehen, bevor sie bereit sind, wirkt sich das negativ auf ihr Leben aus. Dies führt zu einem Ungleichgewicht im Bienenstock und einem Ungleichgewicht in einem dieser drei Lebensabschnitte. Ganze Bienenvölker brechen zusammen, und Krankheiten nehmen zu. An irgendeiner Stelle in diesem Verhältnis von Ammenbienen zu Arbeitsbienen ist etwas aus dem Gleichgewicht geraten, und der Bienenstock arbeitet besonders hart, um nicht nur seinen Bedarf und seinen aktuellen Zustand aufrechtzuerhalten, sondern auch sein Gleichgewicht wiederherzustellen.

Sogar die Bienenkönigin, die den Stock nicht verlässt, spürt die Auswirkungen. »Die Königin bleibt die ganze Zeit über im Stock. Eine Arbeitsbiene lebt höchstens sechs Wochen lang. Aber die Königin bekommt immer mit, ob im Stock Krankheiten umgehen oder sich Pestizide auf das Volk auswirken. Sie kann sich nicht selbst versorgen. So hat es auch für sie Konsequenzen, wenn in ihrem Stock etwas nicht stimmt.«

Ausgelaugter Boden

So lange die Industrialisierung der Landwirtschaft anhält und Monokulturen weiterhin bestehen, so lange werden Schädlingsbekämpfungsmittel unverzichtbar bleiben. Wenn dieselbe Nutzpflanzenart Jahr für Jahr auf demselben Boden angebaut wird, laugt das den Boden aus und entzieht ihm zu viele Nährstoffe, was wiederum den Einsatz von Dünger und Pestiziden erforderlich macht. Hinzu kommt: Boden ist eine wichtige Kohlenstoffsenke, doch ausgelaugter Boden kann Kohlendioxid nicht effektiv binden. Und Kohlendioxid ist nun mal ein Treiber des Klimawandels.

Der Kreis schließt sich

Bienen müssen sich also mit zahlreichen Umweltproblemen herumschlagen, von denen die meisten von Menschen verursacht werden. So finden sie immer weniger Nahrungsquellen und Unterschlupf, erleben weniger botanische Artenvielfalt, dafür aber Pflanzen, die auf verschmutzten und ausgelaugten Böden wachsen. Und sogar die Luft, die sie umgibt und durch die sie fliegen, tut ihnen nicht gut.

Zweifellos hätten sie einiges gegen uns und unseren Umgang mit der Natur einzuwenden. Wenn wir unsere fleißigen Bestäuber retten wollen, wird es Zeit zu handeln.

Der ständige Einsatz von Düngemitteln und Pestiziden wirkt sich auch auf die Honigbienen aus. Auf Pflanzen und ihre Blüten versprühte Chemikalien dringen in den Blütennektar ein – in genau den Nektar, den die Bienen sammeln.

Eine Welt ohne Bienen

Drei Viertel aller Blütenpflanzen auf der Erde und ungefähr 35 Prozent der Nutzpflanzen weltweit können sich nur mithilfe tierischer Bestäuber fortpflanzen.* Schätzungen von Wissenschaftlern zufolge entstand jeder dritte Bissen unserer Nahrung durch tierische Bestäuber, die in den meisten Fällen Bienen sind. Ohne unsere summenden kleinen Freunde würden viele Nutzpflanzen nicht mehr gedeihen und manche ganz verschwinden. Da die meisten Milchkühe mit der von Insekten bestäubten Luzerne gefüttert werden, würden auch die Milchprodukte knapp werden. Kurz gesagt: Ohne Bienen wäre die Welt nicht nur weniger bunt, sondern wir hätten auch weniger zu essen, und es gäbe größere Schwierigkeiten, die laufend wachsende Weltbevölkerung zu ernähren.

*Lt. Angaben des US-Wirtschaftsministeriums

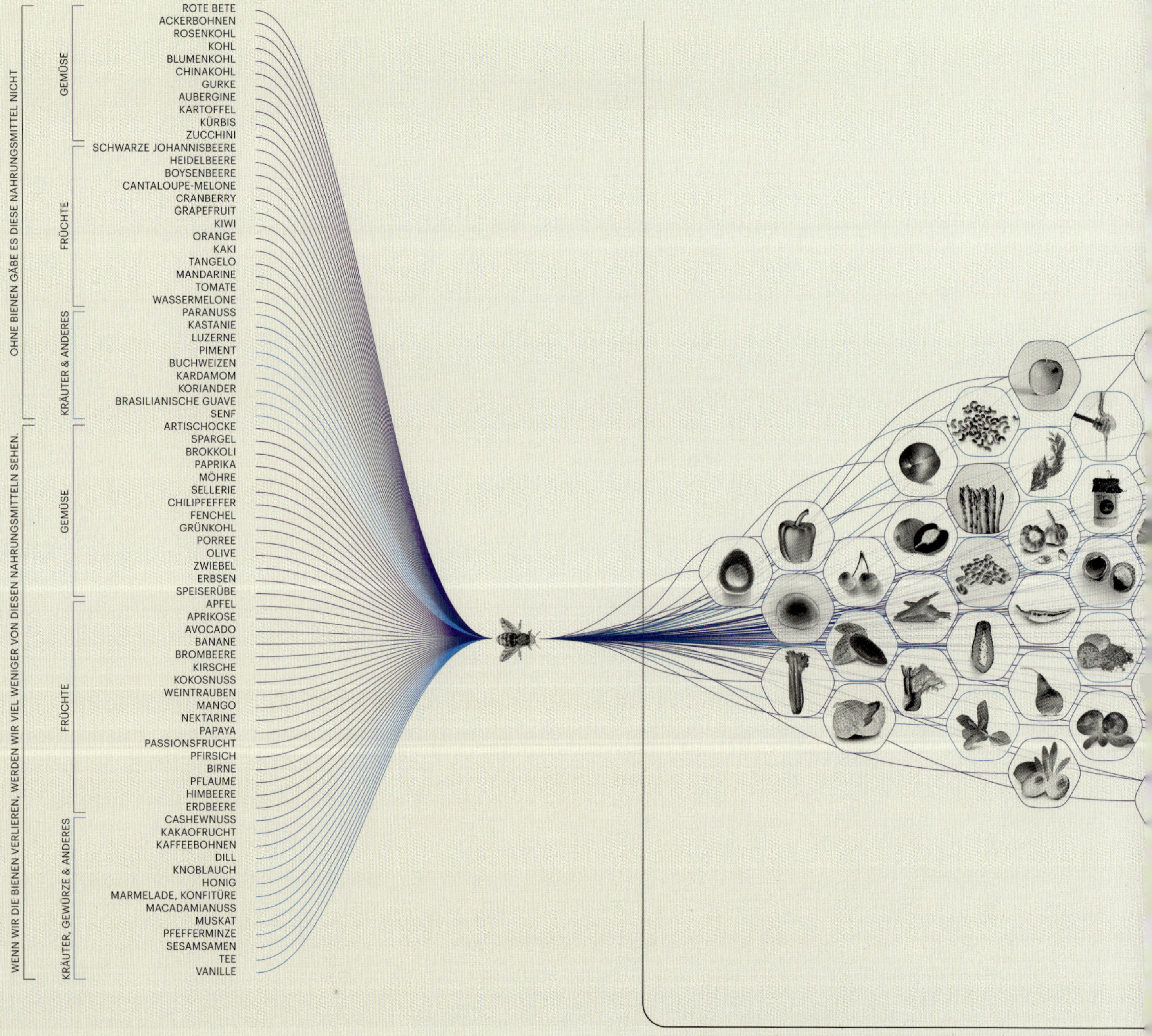

WENN WIR DIE BIENEN VERLIEREN, WERDEN WIR VIEL WENIGER VON DIESEN NAHRUNGSMITTELN SEHEN.

Drei Viertel aller Blütenpflanzen sind auf die Bestäubung durch Insekten angewiesen.

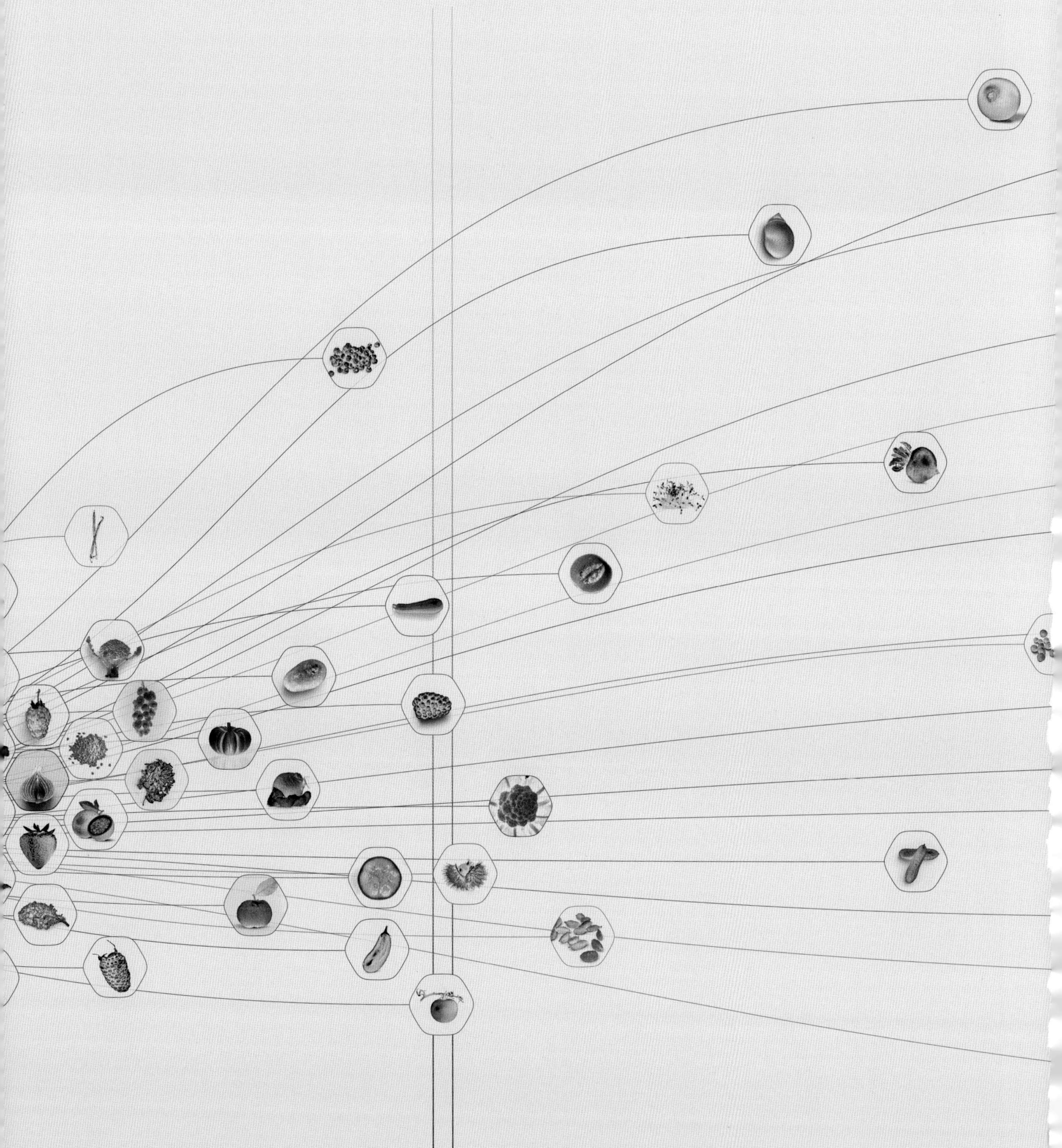

WENN WIR DIE BIENEN VERLIEREN, MÜSSEN WIR UNS VON VIELEN DIESER NAHRUNGSMITTEL VERABSCHIEDEN.

Nektar, der Göttertrank

Honigbienen schwirren seit über 130 Millionen Jahren auf der Erde umher. Unsere frühen Vorfahren stellten den Reichtum, den die Bienen in ihr Leben brachten, auf Felszeichnungen in Afrika, Australien, Indien und Spanien dar: Menschen der Jungsteinzeit scheuten keine Mühen, um den Honig aus Wildbienennestern zu holen.

Das ist über 25 000 Jahre her – so alt ist die Beziehung zwischen uns und den Bienen. Im alten Ägypten und in Georgien war Honig eine beliebte Grabbeigabe, und der in einem 3000 Jahre alten ägyptischen Grab gefundene Honig war dank seines hohen Zucker- und niedrigen Wassergehalts sogar noch genießbar.

Nachdem weitere Verwendungsmöglichkeiten für Bienenprodukte entdeckt worden waren (siehe S. 148–149), begannen die Menschen, Honigbienen zu halten. Archäologische Ausgrabungen in der Gegend von Jericho brachten die ältesten bekannten Bienenstöcke zum Vorschein: Sie wurden auf das 9. und 10. Jahrhundert v. Chr. datiert. In den Zylindern aus ungebranntem Ton fand man die Überreste von Honigbienen, Larven und Puppen.

Die alten Ägypter verwendeten als Bienenstöcke Holzklötze, die den Nestern von Wildbienen nachempfunden waren (sogenannte Klotzbeuten), anderswo flocht man runde Bienenkörbe aus Stroh. Der Schweizer Naturforscher François Huber erfand im späten 18. Jahrhundert aufklappbare Bienenstöcke aus Glas, sodass er die Bienen laufend beobachten konnte.

Doch erst Mitte des 19. Jahrhunderts kamen die Bienenkästen auf, die wir heute kennen (siehe S. 54–55). Genauer gesagt verdanken wir sie dem amerikanischen Imker und Naturforscher Lorenzo L. Langstroth. Sie ermöglichten es den Imkern, mehr Bienenvölker zu halten und die Kosten zu senken. »Die Bienenkästen, die heute üblich sind, stellten in den 1850er-Jahren eine Revolution in der Imkerei dar. Sie erleichterten nicht nur die Arbeit mit den Bienen, sondern führten dazu, dass die Ertragsmengen stark anstiegen«, erklärt Dr. James Sainsbury.

Bienen waren schon immer fleißige Bestäuber (siehe S. 64), und das machten sich die Menschen zunutze, als sie begannen, die Landwirtschaft zu industrialisieren.

Die Bestäubung durch Bienen steigert die Erntemengen. Eine 2014 von der Abteilung Agrarökologie der Universität Göttingen durchgeführte Studie fand heraus, dass die Bestäubung durch Bienen höhere Qualität, längere Haltbarkeit und höheren wirtschaftlichen Ertrag zur Folge hat. In dem Versuch wurden von Bienen bestäubte Erdbeerpflanzen mit solchen verglichen, die vom Wind bestäubt oder selbstbestäubt waren. Die von Bienen bestäubten Pflanzen brachten schwerere, rötere und festere Früchte hervor, die einer höheren Preisklasse zugeordnet werden konnten und mehr einbrachten. Aus wirtschaftlicher Sicht ist diese Steigerung von Qualität und Gewinn natürlich sehr bedeutsam.

Der planmäßige Einsatz von Bienen in der industrialisierten Landwirtschaft kam erst in den 1980er-Jahren auf, als Bienenkästen über Tausende von Kilometern zu ausgewählten Einsatzorten transportiert wurden. Eine 2018 von der US-Behörde für Lebens- und Arzneimittel (FDA) durchgeführte Studie ergab, dass die Bestäubungsarbeit von Honigbienen als wichtiger einzustufen sei als ihre anderen Produkte: Sie sei zehn- bis 20-mal wertvoller als die Gesamtheit der von Bienen erzeugten Honig- und Wachsmengen. Der FDA zufolge steigert die Bestäubung durch Bienen den Wert der Ernteerträge um ungefähr 15 Milliarden US-Dollar.

Imker:in sein

Moderne Imker:innen erleichtern ihren Bienen die Arbeit. Gut gehaltene Honigbienen sind in ihren Kästen vor Fressfeinden sicher, werden vor Krankheiten geschützt, leben in einer Umgebung, die reich an Ressourcen ist, und erhalten bei Bedarf Zusatznahrung in Form einer Zuckerlösung – etwas, das ihnen die freie Natur nicht bieten kann. Die Honigbienenforscherin Dr. Michelle Taylor erläutert:

> Wir tun viel, um das Überleben der Bienen zu gewährleisten, was natürlich bedeutet, dass sie vom Menschen stark abhängig geworden sind. Hielten wir sie nicht in unseren Stöcken, würden sie zwar wild lebend ebenfalls Honig produzieren, aber eingehen, sobald sie keinen Nektar mehr finden.

Propolis

»Propolis ist eine harzartige Masse, die Bienen von verschiedenen Pflanzenarten sammeln und dazu verwenden, ihre Stöcke abzudichten und gesund zu halten. Wenn wir Propolis aus den Stöcken entnehmen, mögen die Bienen das nicht – sie haben viel Arbeit hineingesteckt, um ihren Bienenstock gesund zu halten, Ritzen zu verschließen und sich warm zu halten. Wir verwenden spezielle Matten, die wir über die Bienenstöcke legen. Sie sind mit kleinen Schlitzen versehen, die die Bienen als Lücken in ihrem Stock wahrnehmen, sodass sie diese Lücken mit Propolis auffüllen. Uns Imkern liegen die Bienen wirklich am Herzen, deshalb achten wir sehr darauf, wie viel Propolis wir entnehmen und wann und wo wir es tun.«

— Rhys Casley, Imkereimanager

Im Bienenstock herrscht ständiger Wechsel. Die Königin wird von den Arbeiterinnen ersetzt oder von uns. Die Bienen ersetzen sich regelmäßig. Die Drohnen ersetzen sich. Die Imker:innen bieten ihnen ein Zuhause, in dem sie ungestört bleiben. So haben sie Ruhe vor Beutegreifern [siehe S. 72–75]. Wenn ein Volk ausschwärmt und sein Nest verlässt, kann dessen Inhalt von Opossums und anderen Säugetieren aufgefressen werden. Mit den von Imker:innen betreuten Bienenkästen passiert das nicht. Zwar kommen Angriffe durch Ratten vor, doch dann stellen wir kleine Sperren vor das Einflugloch, damit die Ratten nicht mehr eindringen können, um Honigwaben zu fressen und die Vorräte der Bienen zu stehlen.

Kluge Imker:innen passen gut auf ihre Bienen auf, weiß Dr. Michelle Taylor:

> Imker lernen schnell, anhand welcher Merkmale man eine gesunde Brut erkennt. Sie beobachten den Strom der ein- und ausfliegenden Bienen. Bleibt er aus, so kann das bedeuten, dass dieses Volk gestorben oder aber blockiert ist. Erscheint der Strom allzu groß und sind die Bienen sehr laut, dann ist im Stock irgendetwas passiert: Die Bienen werden gerade von einem anderen Volk ausgeraubt, sie sterben durch ein Pestizid oder das Volk hat seine Königin verloren.
>
> Wir gehen auf einen Bienenkasten zu, um ihn zu öffnen, doch schon auf dem Weg zu ihm beobachten wir die ein- und ausfliegenden Bienen. Der zweite Schritt besteht darin, den Deckel des Kastens anzuheben und zu schnuppern. Wenn es ganz normal nach Honig riecht, ist alles in Ordnung. Riecht es schlecht, dann gibt es ein Problem. Ein intensiver Bananengeruch und aggressive, stechlustige Bienen sind Anzeichen dafür, dass im Stock große Aufregung herrscht.
>
> Bläst man Rauch in den Kasten [eine Methode, um die Bienen zu beruhigen] und hört einen hohen Ton, ist die Königin gestorben und nicht ersetzt worden oder es stimmt irgendetwas anderes mit diesem Volk nicht.
>
> Als Nächstes beobachten wir die über die Waben krabbelnden Bienen. Normalerweise wirken sie ruhig. Kommen sie aber heraus, um den Imker zu stechen, ist das ein Alarmzeichen.
>
> Nun hebt man den Kasten an. An seinem Gewicht erkennen wir, ob die Bienen darin genügend Nahrung haben. Wenn man eine Ernte plant, sollte er schwerer sein. Falls er sich im Frühling schwerer anfühlt, ist das kein gutes Zeichen, denn das bedeutet, dass die Bienen keinen Platz mehr haben, um Honig unterzubringen.
>
> Falls im Stock zu viel Honig sein sollte – was passieren kann, wenn die Blütensaison gut war und die Bienen zu viel gesammelt haben –, dann fressen sie ihn auf und nutzen das Extra an Nährstoffen, um mehr Nachwuchs aufzuziehen. Finden die Sammlerinnen dagegen keine Nahrungsquellen mehr, verhungert das Volk – sofern der Imker nicht Abhilfe schafft.
>
> Ist es also alles in allem fair, Bienen zu halten? Ja, denn es hilft ihnen zu überleben.

Der Imker Brian McCall beschreibt einige weitere Strategien der sachgerechten Bienenhaltung:

> Wir versuchen den Imkern beizubringen, dass sie nichts verkomplizieren müssen, sondern das Stressniveau senken sollten. Es gibt vier Dinge, auf die wir immer achten. Das erste ist Nahrung: Verfügt das Volk über genügend Proteine und Kohlenhydrate, jetzt und in der Zukunft? Falls nicht, müssen sie ergänzt werden.
>
> Zweitens braucht die Königin ausreichend Platz für die Eiablage, denn falls ihr der Platz nicht genügt, stößt sie ein Pheromonsignal aus, das das Schwärmen auslöst.

Im alten Ägypten und in Georgien war Honig eine beliebte Grabbeigabe, und der in einem 3000 Jahre alten ägyptischen Grab gefundene Honig war dank seines hohen Zucker- und niedrigen Wassergehalts sogar noch genießbar.

Drittens müssen wir Sorge tragen, dass das Volk genügend Platz hat, um zu wachsen. Denn wenn es den Arbeitsbienen zu eng wird, können sie ihre Pheromone nicht gut verbreiten. In diesem Fall senden sie das Signal »Wir müssen raus, hier ist es zu eng« und schwärmen aus. Es fühlt sich so an, als müsse man für eine wachsende Familie an seinem Haus anbauen.

Der letzte Punkt betrifft Krankheiten, den Umgang mit ihnen und ihre Behandlung. Warum geschieht das, was ich gerade beobachte? Wo kommt es her? Wie gehe ich dagegen vor?

Wenn man sich gut um diese vier Punkte kümmert, dann ist die Liste der möglicherweise auftretenden Probleme sehr kurz. Allerdings ist es in der kommerziellen Bienenhaltung nicht ganz einfach, konstant mit den Entwicklungen in den Stöcken Schritt zu halten.

Imker:innen müssen über den Standort ihrer Bienen gut informiert sein. Insgesamt lässt sich die Imkerei in manchen Ländern leichter bewerkstelligen als in anderen. Dr. Oleksiy Losyev erklärt, warum das so ist:

Die Regionen, Länder oder Kontinente, von denen die Honigbienen herstammen, sind ihre Heimat, und deshalb sind sie an die Gegebenheiten dieser Umwelt und deren Vegetation angepasst. Mit Sicherheit kennen sie die Blühperioden der Pflanzen häufig besser als ihre Imker, denn seit Millionen von Jahren leben unzählige Generationen von ihnen in diesen Gegenden und haben mit den Pflanzen dauerhafte, symbiotische und für beide Seiten profitable Beziehungen aufgebaut.

Aus diesem Grund ist die Imkerei in Regionen, in die Honigbienen vom Menschen eingeführt wurden, wie etwa Neuseeland und Australien, um einiges komplizierter. In Europa benötigt man kein Hochschulstudium, um Imker zu werden. Der angehende Imker muss seine Völker nur aufmerksam beobachten, da die Tiere viele kleinere Probleme selbst lösen können. Seine Tätigkeit beschränkt sich weitgehend darauf, den Bienen zu »folgen« und zu bestimmten Zeiten im Jahr bestimmte Bienenprodukte zu ernten. Die Arbeitsweise orientiert sich an der Tradition und ist kaum kreativ. Viele europäische Hobbyimker, aber auch einige Firmen gehen auf diese historisch gewachsene Weise vor. In manchen Ländern wiederum entstand eine besondere Imkereikultur, die auf wissenschaftlichen Erkenntnissen über das Leben der Bienen, ihre Genetik und die von ihnen bevorzugten Nektar erzeugenden Pflanzen gründet.

Wir verdanken Bienen so viel – nicht nur ihre eigenen Primärprodukte, sondern auch die durch ihre Bestäubung zustande gekommenen Ernten. Die Imkerei, die ihnen die Arbeit erleichtert, ist eine befriedigende und auch sehr wichtige Beschäftigung.

Ganz anders verhält es sich in Ländern, in die Honigbienen eingeführt wurden. Zum einen kann die Bienenhaltung in vielen dieser Länder als industriell beschrieben werden, denn es geht um Tausende von Völkern, die laufend umgesetzt werden, um Honigertrag und Bestäubungsleistung zu optimieren. Zweitens sind eingeführte Honigbienen darauf angewiesen, dass die Imker ihnen die Umwelt schaffen und die Nahrung bereitstellen, die sie brauchen. Die Imker dieser Länder müssen gut über die Bedingungen, unter denen sie mit ihren Bienen arbeiten, informiert sein.

In jedem Land gelten bestimmte Qualitätsstufen für Honig. Um sie zu erreichen, genügen meist Grundkenntnisse der Imkerei sowie das Vorhandensein einiger Ressourcen, das heißt von Nektarquellen, also Blüten. Diese einfachen Voraussetzungen ermöglichen oft schon den Erfolg, der meist in stärkerem Maß von den Bienen selbst abhängt als von ihren Imkern. Um in Neuseeland hervorragenden Mānukahonig zu erzielen, genügt diese »Formel« nicht, denn ein Erfolg erfordert wesentlich mehr Einsatz vonseiten des Imkers sowie ein umfassendes Wissen über die physiologischen Eigenschaften der Mānukapflanze und die der Honigbiene, deren erste Interaktionen vor ungefähr 200 Jahren erfolgten. Diese beiden Elemente – Honigbiene und Mānuka – benötigen laufend die Unterstützung eines Vermittlers, nämlich des sorgfältig und kreativ arbeitenden Imkers.

Aus diesem Grund sind Imker aus Ländern, in denen die Imkerei seit Jahrhunderten praktiziert wird und Kenntnisse und Erfahrungen von Generation zu Generation weitergegeben werden, im Vorteil gegenüber ihren Kollegen aus Ländern, in die Honigbienen erst in jüngerer Vergangenheit eingeführt wurden.

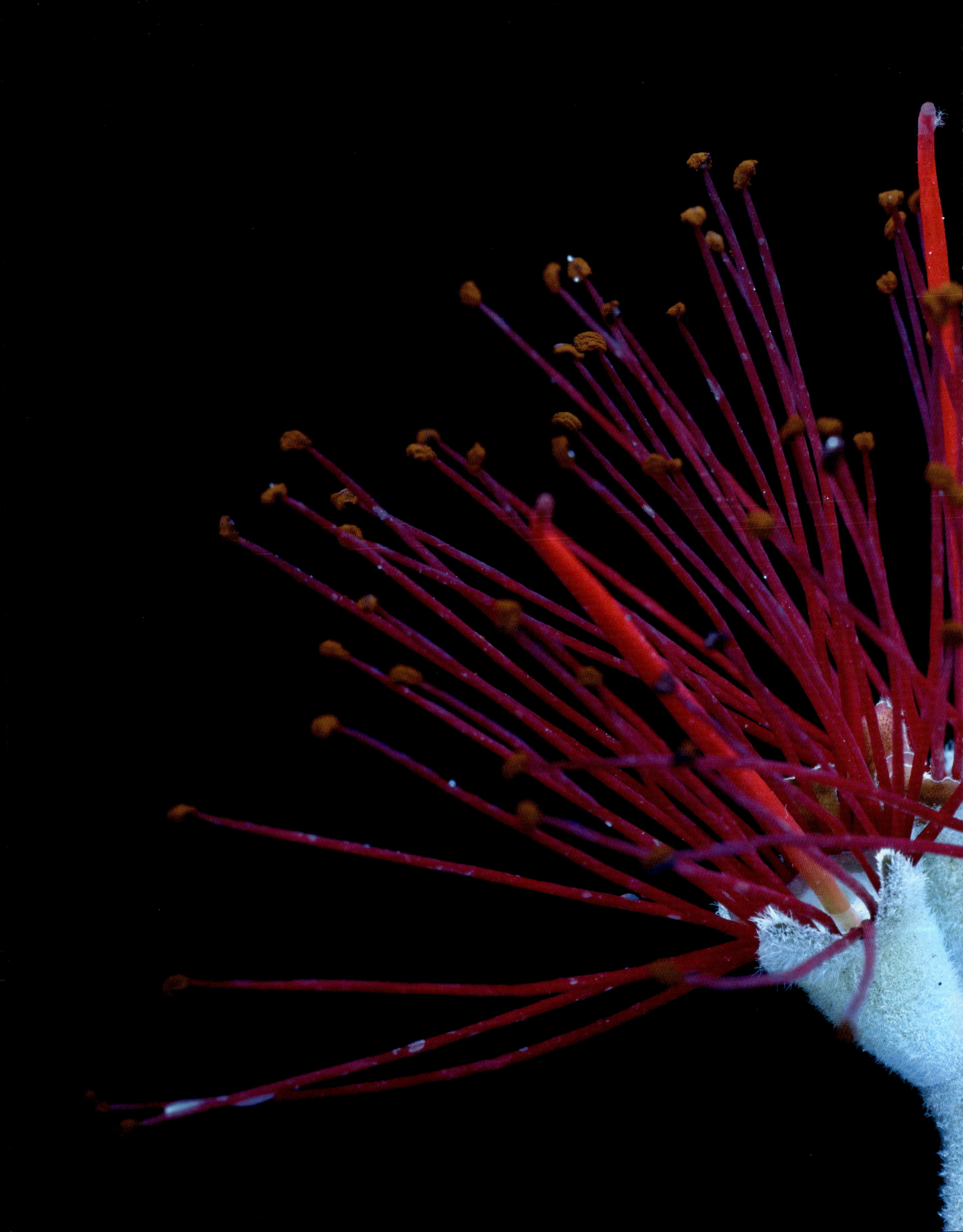

Der Waldheiler

Als die aus Europa stammende Westliche Honigbiene *(Apis mellifera)* Mitte des 19. Jahrhunderts in Neuseeland die Blüten der Mānuka *(Leptospermum scoparium)* entdeckte, geschah etwas Unglaubliches und Einzigartiges.

Honigbienen sind in Neuseeland nicht heimisch und wurden von europäischen Siedlern eingeführt. Ohne die Siedler wären also Honigbienen und Mānukapflanzen niemals in Kontakt gekommen.

Mānukahonig ist eine ganz besondere Honigsorte, doch auch die Mānuka an sich ist ein sehr interessantes Gewächs. In Neuseeland gibt es sie schon sehr lange. Die Palynologin Dr. Katherine Holt berichtet: »Pollen, der dem von Mānuka und Kanuka *(Kunzea ericoides)* sehr ähnlich ist, gab es bereits vor ungefähr 60 Millionen Jahren, im neuseeländischen Paläozän. Vermutlich war es nicht dieselbe Art, die wir heute kennen, sondern eher ein Vorfahr der modernen Mānuka. Genetische Anhaltspunkte deuten darauf hin, dass sich Mānuka vor 16 Millionen Jahren vom letzten gemeinsamen Vorfahren abgespalten hat.«

In Neuseeland existieren zahlreiche Varietäten von Mānuka. »Man findet sie überall«, erläutert der Botanikprofessor Mike Clearwater. »Sie gedeiht auf Meereshöhe und in subalpinen Regionen, duldet ein breites Spektrum von Temperaturen und Niederschlagsmengen und wurzelt sowohl in fruchtbaren Böden als auch in nährstoffarmen, in gut drainierter wie in sehr nasser Erde.«

Natürliche Resilienz

Die mit drei bis fünf Meter Höhe relativ niedrig wüchsige und sehr anpassungsfähige Mānuka spielt im Ökosystem Neuseelands eine wichtige Rolle. Wenn eine Landschaft durch Feuer, Rodungen oder ein Wetterereignis geschädigt wurde, ist sie oft die erste Art, die wieder wächst. »Sie regeneriert sich sehr schnell«, erklärt der Imkereimanager Rhys Casley und fährt fort: »Die Samenkapseln der Mānuka hängen in großer Zahl an den Zweigen. Jedes Jahr im Herbst fallen sie ab und streuen tausend kleine Samen pro Kapsel aus. Diese Samen sind sehr leicht, sie fliegen mit dem Wind und keimen so gut wie überall. Eine wirklich zähe und resiliente Pflanze! Deshalb ist sie auch eine der ersten, die sich nach einem Buschbrand oder einer Rodung wieder ansiedelt.«

Diese besondere Fähigkeit zur Regeneration trug der Mānuka den Spitznamen »Waldheiler« ein. Professor Mike Clearwater führt aus, warum das so ist:

> Im Rahmen der Waldökologie ist die Mānuka eine Pionierpflanze. Sie besiedelt nach einem Erdrutsch beschädigtes Terrain und breitet sich auch auf bewirtschafteten Weideflächen aus. Der Wind verbreitet die Samen oder sie stecken vielleicht schon im Boden. Sie keimen rasch, und bald darauf blühen die Pflanzen und produzieren wiederum Samen. In den meisten Biotopen wird die Mānuka dann durch höher wachsende Pflanzen verdrängt, die sie beschatten, was sie nicht mag. Sie besiedelt das Gebiet als erste Pflanze und schafft eine günstige Umgebung, in der andere Arten Schutz finden und sich entwickeln können.
>
> Mānuka kommt auch mit schwierigen Bedingungen zurecht, etwa mit nährstoffarmen oder sehr nassen Böden. Aus diesem Grund kann sie in Gegenden, in denen keine höheren Bäume gedeihen, zur dominanten Art werden, etwa in offenem Gelände und in Mooren. Sie toleriert den niedrigen Phosphorgehalt, der für die Böden derartiger Biotope typisch ist. Aber auch dort, wo die Erde viel Phosphor enthält, fühlt sie sich wohl.

»Ein aus dem Samen einer Mānukapflanze aus Northland gekeimter Schössling, der weiter südlich eingepflanzt wurde, wird im selben Zeitraum blühen wie die Mutterpflanze.«

— Dave Campbell, Imker

Diese Anpassungsfähigkeit könnte die Erklärung dafür sein, warum Mānukahonig solch einzigartige Eigenschaften besitzt. »Einer der Punkte, mit denen wir uns befassen, ist die Frage, auf welche Weise die Genügsamkeit der Pflanze mit ihrer Nektarproduktion verbunden ist und was ihren Nektar so besonders macht«, sagt Professor Mike Clearwater.

Rechts: Mānuka *(Leptospermum scoparium).*

So unauffällig und bescheiden diese Pflanze auch wirken mag: In ihrem Ökosystem ist sie von zentraler Bedeutung. Während man sie früher als eine Art Unkraut betrachtete, das es zu beseitigen galt, weiß man inzwischen, so Professor Mike Clearwater, dass man sie aus ökologischen Gründen lieber gedeihen lassen sollte:

> In bergigem Gelände ist Erosion ein großes Problem. Ausgelöst durch den Zyklon, der Anfang 2023 die Nordinsel Neuseelands heimsuchte, spülten die Flüsse große Sedimentmassen fort, und es gab gewaltige Erdrutsche. Es ist nur natürlich, dass so etwas in den Bergen passiert, doch dadurch, dass wir Wälder gerodet und durch Grasland ersetzt haben, wurden die Effekte verschlimmert.
>
> Ein weiteres Argument gegen das Entfernen von Mānukapflanzen ist, dass sie sich gut als Bewuchs für Land eignen, das wirtschaftlich nicht zufriedenstellend genutzt werden kann, etwa weil man darauf nicht viel Vieh unterbringen kann oder es zu aufwendig ist, es einzuzäunen. In solchen Fällen würde ein Besatz mit Mānukapflanzen einen höheren Ertrag pro Hektar bringen.

Die zähe, anpassungsfähige und resiliente Pflanze vollzog also einen Imagewandel vom Unkraut zum Waldheiler – und natürlich zur Quelle von Mānukahonig. Ihren mittlerweile guten Ruf hat sie sich wahrlich verdient.

Vorhergehende Doppelseite: Mānuka kann sich an sehr unterschiedliche Lebensräume und Bedingungen anpassen und ist in ganz Neuseeland verbreitet.

Links: Die kleine weiße Mānukablüte verströmt einen süßlichen Duft, der Bestäuber anlockt.

Mānuka und die Maori

In den Sagen und Märchen der Maori nimmt die Mānukapflanze einen festen Platz ein. Snow Tane, Iwi (Oberhaupt einer Großfamilie) und General Manager einer Institution zur Förderung der Maori in der neuseeländischen Region Northland, erklärt:

> Wenn Papatūānuku, Mutter Erde, von Feuer, Wetterereignissen mit größeren Erdrutschen oder einem Tsunami verletzt worden war, kamen die drei Wellen: Ngaru nui, die große Welle, Ngaru roa, die lange Welle, und Ngaru paewhenua, die Welle, die den Waka, den Einbaum, zurück an den Strand bringt.
>
> Die erste Welle ist die der Rongoā-Pflanzen, die den Boden festhalten und stabilisieren: Harakeke, Flachs, Tī kōuka, Keulenlilie, und Mānuka. Die zweite Welle besteht aus Sträuchern, aus Pflanzen mit breiten Blättern und fruchttragenden Gewächsen, deren Samen von Vögeln verbreitet werden. Die letzte Welle sind die großen Bäume, wie die riesigen Kauri-Bäume.
>
> Zuerst also kommen die Rongoā-Pflanzen, dann die Sträucher und das Kronendach, das die Rongoā-Pflanzen schützt. Schließlich folgen die hohen Bäume, die über das Kronendach hinausragen und es bewachen. Das ist unsere Tradition. Unserem Glauben zufolge gibt es Schutz für Schutz für Schutz.

Angesichts der Tatsache, dass Mānuka in der Glaubenswelt der Maori einen wichtigen Platz einnimmt, erstaunt es nicht, dass sie diese Pflanze als Taonga ansehen, als Kostbarkeit.

Natürliche Vernetzung

Lange vor der Ankunft der europäischen Siedler nutzten und schützten die Maori Mānukapflanzen. Hinsichtlich der Natur und unserem Platz in ihr können wir viel von den Maori lernen. Rob McGowan, einer der führenden neuseeländischen Experten für die traditionelle Nutzung von Pflanzen der Maori, erläutert:

> Für die Maori ist alles miteinander verbunden: Die verschiedenen Bäume, die anderen Pflanzen und die Vögel sind untereinander verwandt. Sie alle stammen ab von Papatūānuku, der Mutter Erde, und von Rangi-nui, dem

Himmelsvater, und dem Kind der beiden, Tāne-mahuta. Er ist der Waldgott, und aus seinen Verbindungen mit verschiedenen weiblichen Wesen gingen alle Bäume hervor. Von seinem letztgeborenen Kind stammen die Menschen ab. Wir sind also jünger als die Bäume und die Vögel.

Wenn in den Mythen der Maori der Teina, der Jüngere, den Tuakana, den Älteren, übergeht, kommt es zu Chaos und Zerstörung. Die Menschen haben sich verhalten, als ob sie die Herren des Universums wären. Wir haben die Grenzen überschritten, wir haben Arten, die vor uns da waren, missbraucht, und daher rührt das Chaos, das wir Klimawandel nennen.

Wir sollten das, was uns die Natur bietet, respektvoll behandeln, anstatt damit einfach zu machen, was wir wollen. Das ist auch hinsichtlich unseres Umgangs mit Mānuka wichtig, denn inzwischen gilt die Pflanze als Wirtschaftsgut, die auf verschiedenste Weise genutzt wird, und das kann die Art gefährden. Die Maori dagegen würden sagen: Ja, nutzt Mānuka – das haben wir schon immer getan, diese Pflanze ist für uns sehr wichtig –, aber geht respektvoll mit ihr um.

Tiwaiwaka ist eine neuseeländische Bewegung, die dafür eintritt, Arten wie Mānuka und überhaupt die ganze Natur achtsam zu behandeln, und dadurch zum Wohle aller zu lernen, in Harmonie mit Papatūānuku zu leben. Ihr Grundsatz lautet:

Ka ora te whenua, ka ora te tangata
»Wenn es dem Land gut geht, geht es den Menschen gut.«

Mānukahonig ist antibakteriell, antiviral und entzündungshemmend – und damit so etwas wie eine Superkraft der Natur.

Wir sollten den Gedanken, dass wir mit allem verbunden sind, beherzigen und mit der Natur zusammenarbeiten, anstatt sie zu zerstören.

Die zahlreichen Nutzungsarten von Mānuka
Die Maori nutzten alle Teile der Pflanze, insbesondere auch in der Rongoā genannten traditionellen Heilkunde.

- Die Blätter wurden in Wasser gekocht. Der daraus erhaltene Tee wurde bei Fieber getrunken, die Dämpfe wurden bei Erkältung eingeatmet.
- Die Rinde wurde für Dachabdeckungen verwendet oder zur Zubereitung eines Tees gegen Dysenterie und Durchfall.
- Aus dem Holz baute man Einbäume, Paddel, Speere, Fischfallen und Gestelle für das Trocknen von Fisch und Fleisch. Mit den Zweigen wurden gebrochene Gliedmaßen geschient.
- In die Kopfhaut geriebene Mānukaasche war ein Mittel gegen Haarschuppen.
- Bei Kolikanfällen wurden rohe Mānukasamen gekaut.
- Der Saft der Pflanze wurde als Brandsalbe, gegen Verstopfung bei Säuglingen und als Mittel zur Linderung von Husten eingesetzt.
- Bei Durchfall half es, Schalen der Kapselfrüchte zu kauen.
- Heute gewinnt man aus den Blättern ein Öl, das Hautcremes, Wundsalben und Insektenschutzmitteln beigegeben wird.

Die Mānukapflanze: Heilkraft aus der Natur

Ohne sie würde es keinen Mānukahonig geben: die unscheinbare Mānukapflanze *Leptospermum scoparium*, die zu Unrecht von dem flüssigen Gold, das Bienen aus ihrem Nektar fabrizieren, in den Schatten gestellt wird.

Pollen, der dem der Mānukapflanze ähnlich ist, gab es in Neuseeland bereits vor 60 Millionen Jahren. Doch erst vor 16 Millionen Jahren spaltete sich die moderne Mānukapflanze von dem Vorfahren ab, den sie mit verwandten Pflanzen gemeinsam hat.

VOR **16** MILLIONEN JAHREN

VOR **60** MILLIONEN JAHREN

In Neuseeland gibt es Pollen, die dem Mānukapollen ähneln.

Neuseeländischer Mānukahonig stammt ausschließlich von Blüten der Art *Leptospermum scoparium*. Die Ursprünge und Verwendungsmöglichkeiten haben wir auf den S. 112 und 118 vorgestellt; an dieser Stelle wenden wir uns ihrer Geschichte zu.

Eine Variante von *Leptospermum scoparium* mit morphologischer Charakteristik tritt auf: die neuseeländische Mānukapflanze.

VOR 700 JAHREN

VOR 200 JAHREN

VOR 30 JAHREN

VOR 20 JAHREN

VOR 15 JAHREN

HEUTE

Vor 700 Jahren: Die Maori beginnen die Heilkraft der Mānuka zu nutzen, u. a. als Mittel gegen Verdauungsbeschwerden, schuppige Kopfhaut, Koliken und Husten sowie bei der Behandlung von Verbrennungen und anderen Wunden.

Vor 200 Jahren: Europäische Siedler führen im frühen 19. Jh. in Neuseeland die Westliche Honigbiene *(Apis mellifera)* ein. Die Honigbienen entdecken Mānuka und tragen deren Nektar in ihre Stöcke: die Geburt des Mānukahonigs.

Vor 30 Jahren: In den 1990er-Jahren entdeckt Dr. Peter Molan von der Waikato University, dass Mānukahonig nicht-peroxide mikrobielle Eigenschaften besitzt. Er prägt den Begriff »Unique Mānuka Factor« (UMF; »einzigartiger Mānuka-Faktor«).

Vor 20 Jahren: Mānukahonig wird bei modernen medizinischen Behandlungen verwendet, darunter als Wundsalbe bei Verbrennungen und anderen Wunden, sowie zur Behandlung von Infektionen mit dem antibiotikaresistenten Bakterium *Staphylococcus aureus* eingesetzt.

Vor 15 Jahren: 2008 finden Forschende der TU Dresden heraus, dass der Inhaltsstoff Methylglyoxal (MGO) verantwortlich für die bemerkenswerten antibakteriellen Eigenschaften des Mānukahonigs ist.

Heute: Der Mānukahonigmarkt erwirtschaftet einen Umsatz von mehr als 300 Millionen US-Dollar und könnte, Prognosen zufolge, bis 2028 die Grenze von einer Milliarde US-Dollar sprengen.

Bestäuber-populationen

Etwa 20 000 Bienenarten
Weltweit summen rund 20 000 Bienenarten durch die Luft. Wildbienen kommen auf allen Kontinenten vor, außer auf Antarktika.

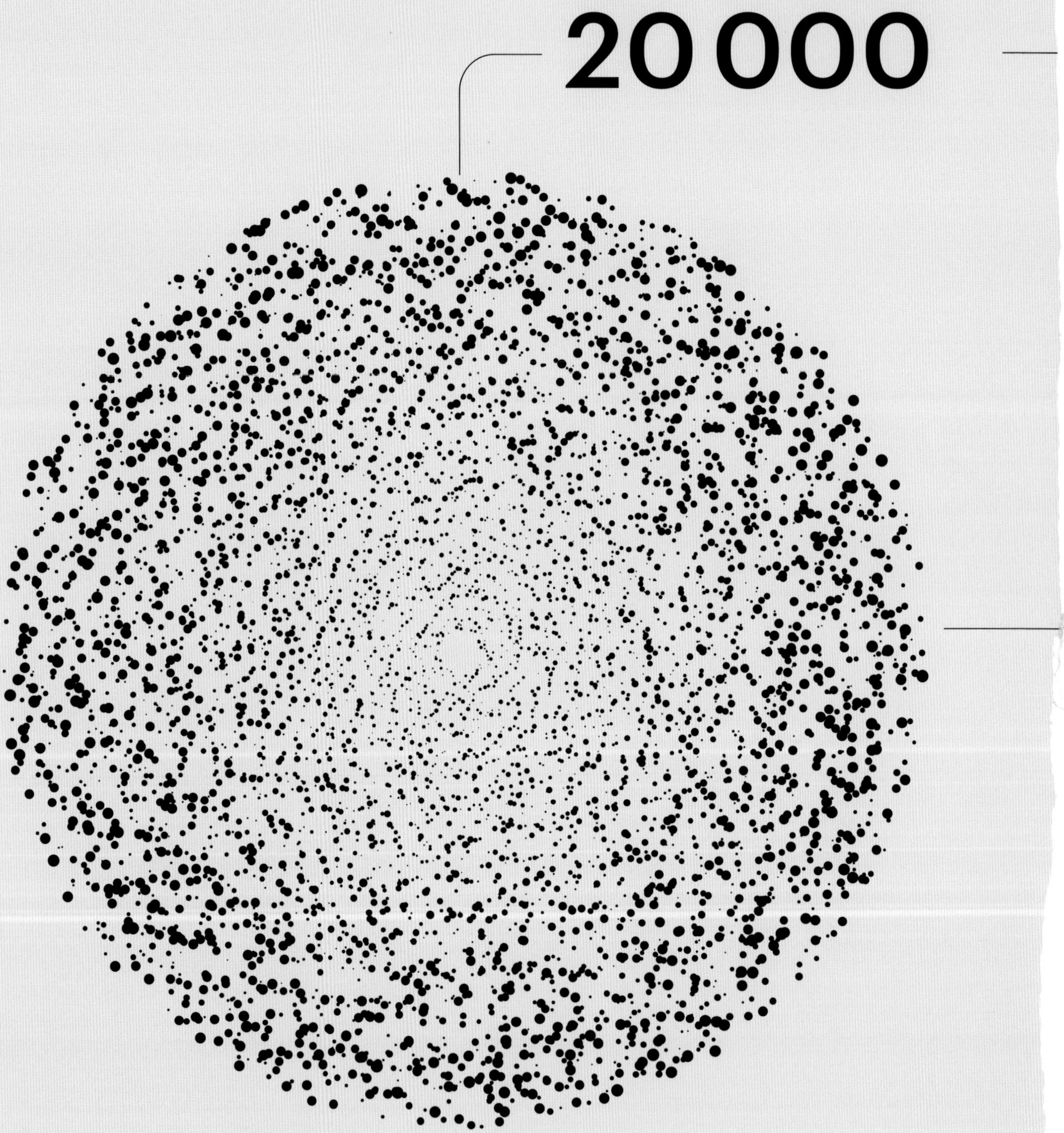

Acht Honigbienenarten
Auf der ganzen Welt gibt es nur acht Arten von Honigbienen – ziemlich wenig, wenn man bedenkt, wie verrückt der Mensch nach Honig ist.

Von den rund 20 000 auf unserem Planeten lebenden Bienenarten produzieren lediglich acht Honig, und nur eine von ihnen erzeugt neuseeländischen Mānukahonig.

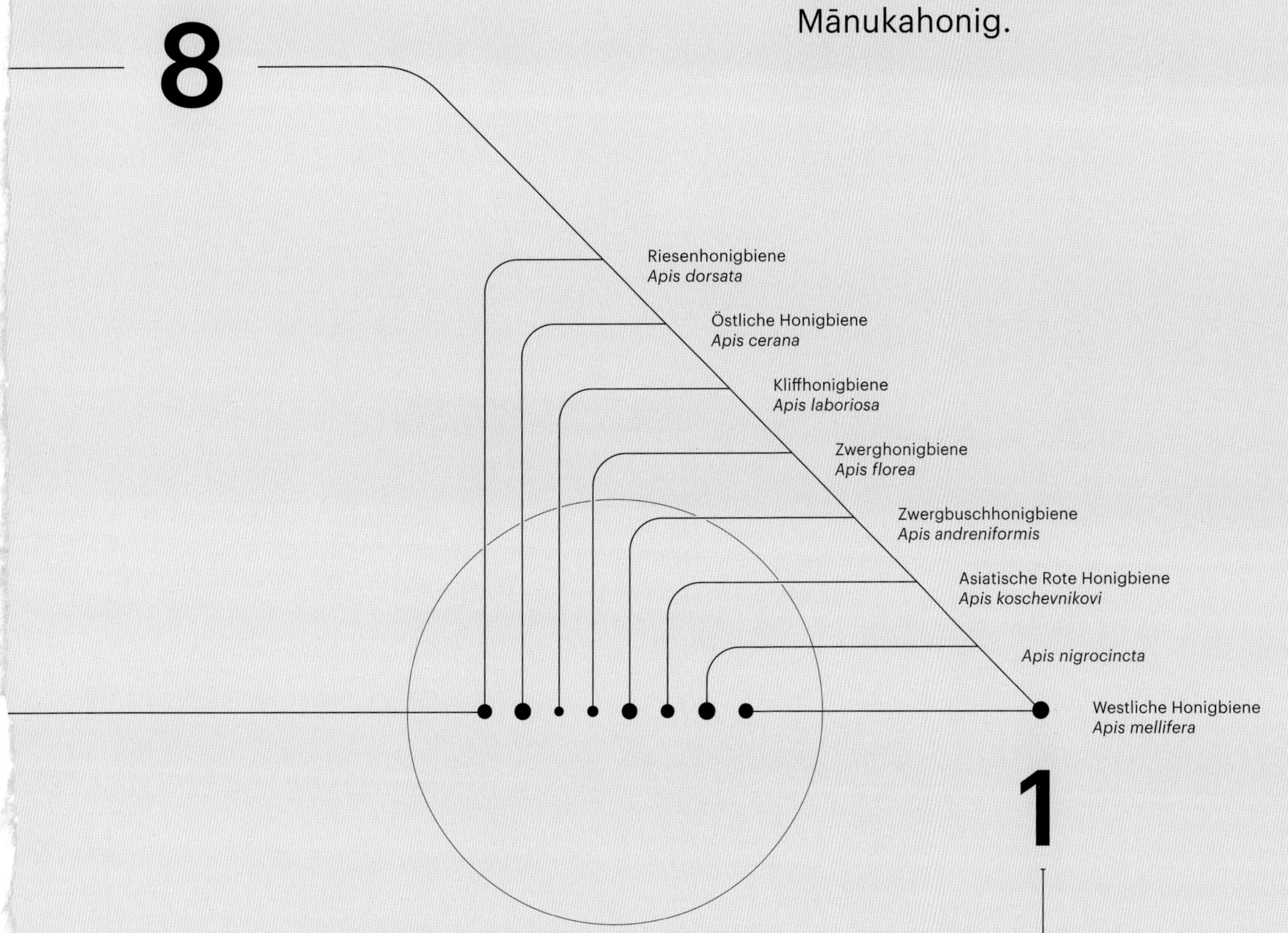

Eine neuseeländische Mānukahonigbiene
In Neuseeland gibt es 41 Bienenarten, von denen 28 Spezies heimisch sind. Mānukahonig wird von *Apis mellifera*-Honigbienen produziert, die nur den Mānukabaum, *Leptospermum scoparium*, besuchen.

Westliche Honigbiene
Apis mellifera

Das Land, in dem Milch und Honig fließen

Das ultimative Nahrungsmittel?

Nahrung – nichts ist so wichtig für unser Überleben, und kaum etwas erfreut unsere Sinne und unsere Seele in dem Maße wie gutes Essen.

Das Oxford English Dictionary definiert *food*, also Nahrung, wie folgt: »Jede nahrhafte Substanz, die Menschen oder Tiere essen oder trinken, um weiterleben und weitergedeihen zu können.« Würde von uns verlangt, eine Liste von Nahrungsmitteln zu erstellen, würde sie sicherlich sehr lang werden und verschiedene Arten von Gemüse, Obst, Getreide, Fischen sowie einer Reihe von anderen Tieren aufführen. Doch forderte man uns dazu auf, jene beiden Nahrungsmittel zu nennen, die wirklich nur Nahrung und nichts anderes sind, deren einzige Funktion also darin besteht, für die Ernährung verwendet zu werden, wären wir womöglich ratlos.

Dabei ist die Antwort ganz einfach: Milch und Honig sind die beiden natürlichen Substanzen, die schlicht und einfach nur dazu da sind, uns zu ernähren.

Gemüse, Obst, Getreide, Fische und andere Tiere fungieren ebenfalls als Nahrungsmittel, doch sind sie gleichzeitig auch lebende Organismen. Und zu leben bedeutet, zu wachsen, zu verstoffwechseln, sich fortzupflanzen. Milch und Honig erfüllen keine solchen »weiterführenden« Ziele. Ihr einziger Zweck besteht darin, als Nahrung zu dienen. Milch wird von einer großen Anzahl weiblicher Säugetiere produziert, um ihren Nachwuchs zu ernähren, während Honig von Bienen hergestellt wird, um ihr Volk zu ernähren. Macht dies die beiden Substanzen zu den ultimativen Beispielen für Nahrungsmittel?

Für uns Menschen ist Milch etwas, das uns von Geburt an ernährt, Honig dagegen ist eine süße Delikatesse. Wäre das nicht beinahe eine Metapher für ein gesundes, ausgewogenes Leben: die Reinheit frischer Milch, gekrönt von einem Löffel goldenem Honig – alles, was man braucht, um zu überleben und zu gedeihen?

So gesehen scheint es kein Zufall zu sein, dass Milch und Honig symbolisch in religiösen Texten wie der Tora, der Bibel und dem Koran verwendet wurden. Alle drei heiligen Bücher erzählen von einem gelobten Land, in dem Milch und Honig fließen, und beschwören dadurch die Utopie eines Lebens in Wohlstand und Überfluss herauf. In der Tora und der Bibel ist dieses Land Israel, im Koran ist es das Paradies.

Seit die Europäer begannen, andere Länder zu kolonisieren, wurde das Attribut »Land von Milch und Honig« auf Teile von Amerika, Kanada, Australien und Neuseeland angewendet, weil die Siedler sie als Zufluchtsorte, als Orte der Hoffnung ansahen. Dort erhofften sie sich die Möglichkeit, sich erfolgreich anzusiedeln, ihr Potenzial zu entfalten und ihre Träume zu verwirklichen – oder zumindest angenehme Lebensbedingungen anzutreffen.

Ob symbolisch oder real, Honig steht immer für ein Land, das seine Bewohner großzügig und in Hülle und Fülle versorgt. Ebenso steht Honig aber auch für Bienen, und dieser Zusammenhang ist durchaus sinnvoll, wenn man berücksichtigt, was Bienen für uns tun.

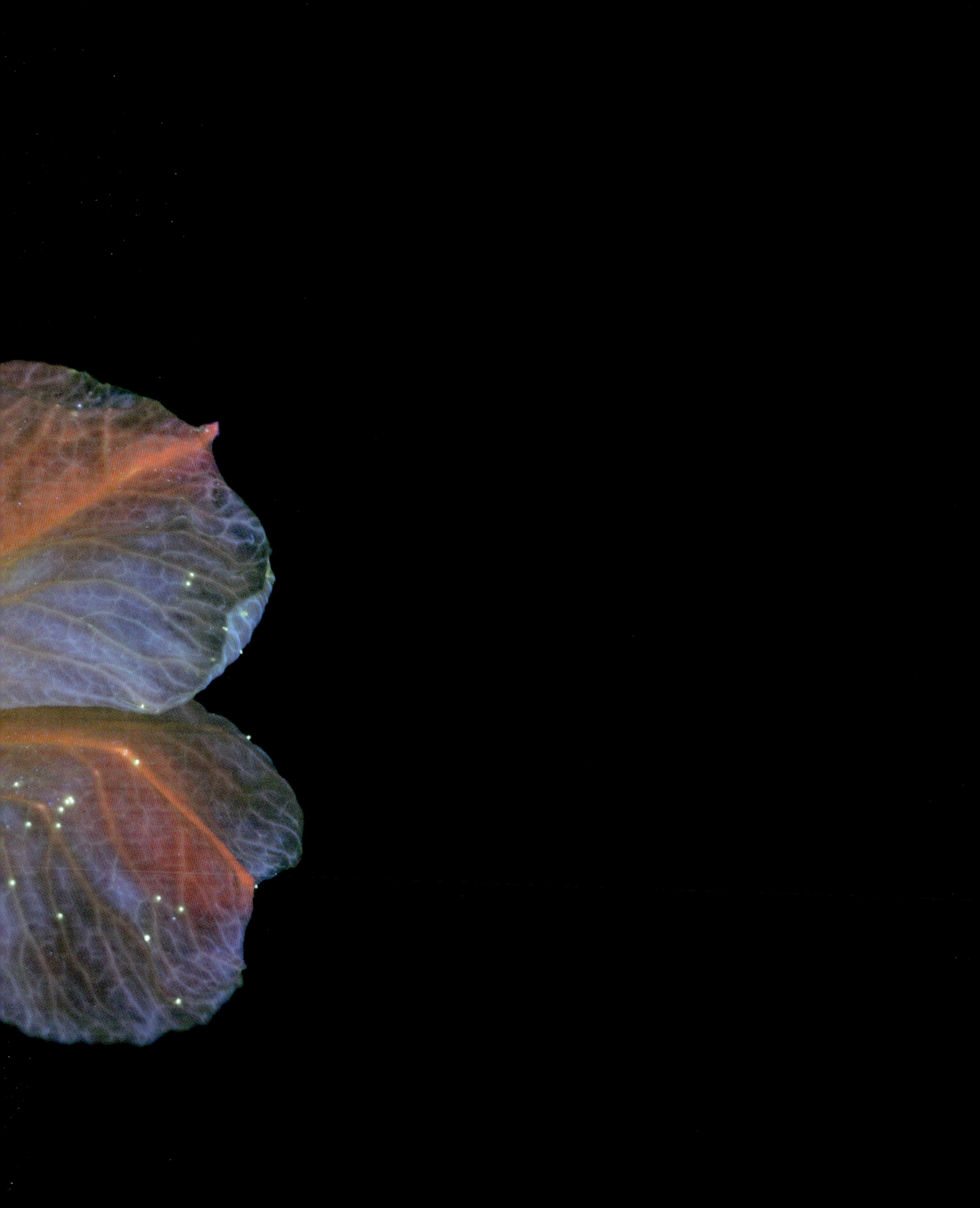

03./ Das Streben nach Unsterblichkeit

Das Streben nach Unsterblichkeit

Einleitung Nick Worthington

In der Natur ist der Tod Teil des Lebens. Leben erblüht, um dann zu sterben. Der Lebenszyklus der meisten Pflanzen kann sich lediglich wiederholen, wenn ihre befruchteten Samen weit verstreut wurden. Nur wenige Lebensformen haben die Möglichkeit, auch ohne Fortpflanzung ewig zu leben. Eine davon ist die Unsterbliche Qualle (*Turritopsis dohrnii*). Die kleine, tatsächlich unsterbliche Qualle kehrt den Alterungsprozess um, indem sie von der Erwachsenen- zur Jugendform zurückkehrt und ihren Lebenszyklus endlos oft wiederholt.

In der Welt der Honigbienen ist Gelée royale ein wichtiger Faktor, der bestimmt, aus welchen Larven sich Königinnen entwickeln. Während die Larven anfangs mit Gelée royale gefüttert werden, erhalten die meisten nach drei Tagen anderes Futter wie Bienenbrot. Muss der Bienenstock jedoch eine Bienenkönigin produzieren oder ersetzen, werden einige wenige Larven weiterhin mit Gelee royale gefüttert. Aus diesen speziellen Puppen schlüpfen schließlich ausgewachsene Königinnen, die sich einen Kampf bis zum Tod liefern – denn es kann nur eine Königin geben. Die Lebenserwartung einer Königin ist beachtlich: Dank ihrer hauptsächlich aus Gelée royale bestehenden Ernährung lebt sie etwa 40-mal länger als eine Arbeitsbiene.

Auf Menschenjahre umgerechnet, wären das etwa 3000 Jahre, was bedeuten würde, dass Sie oder ich schon vor Jesus auf der Erde gewesen sein könnten und immer noch am Leben wären.

Göttertrank

Die ägyptischen Pharaonen tranken Nektar in der Hoffnung, dadurch ihr Leben zu verlängern. Die alten Griechen waren der Ansicht, dass Ambrosia – der gesamte Inhalt zerkleinerter Honigwaben, einschließlich Honig, Larven, Propolis, Pollen und Gelée royale – den Göttern des Olymps ihre Unsterblichkeit verlieh und daher als Nektar der Götter bekannt war. Kleopatra nutzte Honig als Schönheitsmittel, und die altchinesischen Dynastien setzten Honig mit Langlebigkeit und Kraft gleich. Doch es war der griechische Philosoph Aristoteles, der als Erster herausgefunden haben soll, dass es das weiße Sekret der Honigbienen ist, das für die hohe Lebenserwartung der Königin verantwortlich ist.

Sie alle hatten recht.

Die Wissenschaft konnte bestätigen, was die Pharaonen ahnten: Gelée royale kann gesundheitsfördernde Eigenschaften haben. Heute wird die wirkungsvolle Substanz Anti-Aging-Mitteln beigegeben.

Bienen schufen ein umfassendes Gesundheitssystem, bestehend aus Honig, Propolis und Gelée royale. Honig ist der Kraftstoff der fleißigen Honigbienen. Propolis, die von Bienen erzeugte harzige Substanz, wirkt antiviral, antibakteriell und entzündungshemmend, tötet Keime ab und schützt den Stock. Gelée royale ist der Königinnenmacher, der einigen wenigen vorbehalten bleibt.

Das von Bienen geschaffene System kann aber auch von uns genutzt werden.

Honig fördert die Gesundheit und schenkt Energie. Propolis bekämpft Infektionen und stärkt die Abwehrkräfte. Und Gelée royale scheint sich positiv auf den Traum von der Langlebigkeit auswirken zu können.

In diesem Kapitel wollen wir in die Zukunft schauen, uns mit der Natur beschäftigen und das Potenzial eines Systems erforschen, das von Honigbienen im Zusammenspiel mit Mānuka geschaffen wurde und der Menschheit bessere Gesundheit und eine höhere Lebenserwartung ermöglichen könnte.

Bienen schufen ein umfassendes Gesundheitssystem, bestehend aus Honig, Propolis und Gelée royale.

Welche Folgen es für uns hat

Seit Jahrtausenden verwenden wir Menschen Bienenprodukte (siehe S. 106, 166), und auch heute noch nutzen wir das flüssige Gold mit Begeisterung in der Küche, im Schönheitssalon, in der Arztpraxis und an vielen anderen Orten.

GESUNDER HONIG

Honig ist und bleibt das weltweit meistgenutzte Bienenprodukt, nicht nur weil er fast überall verfügbar, sondern auch weil er so unglaublich vielseitig ist.

Natürlicher Süßmacher

Die Verwendung von Honig in der Küche hat eine sehr lange Tradition. Denken Sie nur an die klassische griechische Süßspeise Baklava: mehrere Lagen hauchdünner Filoteig, knusprige Nüsse und sehr viel Honig. Die Baklava, wie wir sie kennen, wurde im Osmanischen Reich des 15. Jahrhunderts entwickelt; ihre Ursprünge aber gehen auf das 8. Jahrhundert v. Chr. zurück.

Schon lange verwenden wir Honig, um Tee zu süßen, und sogar beim Backen als Alternative zu Zucker. Wir glasieren damit unseren Weihnachtsschinken und rühren ihn ins Frühstücksmüsli oder in Salatsoßen. Seine Beliebtheit in der Küche ist auf seine geschmackliche Vielseitigkeit zurückzuführen, denn er passt nicht nur zu süßen, sondern auch zu würzigen Zutaten, zu Backwaren und Soßen ebenso wie zu Fleisch. Außerdem besitzt er mehr Aroma als raffinierter Zucker.

Ist Honig ein Zaubermittel für die Haut?

Seit Jahrtausenden wird Honig in der Schönheitspflege genutzt. Die alten Ägypter verwendeten ihn bei der Herstellung von Make-up, und Königin Kleopatra soll regelmäßig in einer Mischung aus Milch und Honig gebadet haben, damit ihre Haut glatt und fest blieb. Die englische Königin Anne sorgte mit einem Präparat aus Honig und Öl dafür, dass ihr Haar gesund und glänzend war, während Sarah Churchill, Herzogin von Marlborough, ihr Haar mit einer Mischung aus Honig und Wasser besprühte. Madame du Barry, die Geliebte von König Ludwig XV. von Frankreich, ließ sich Gesichtsmasken aus Honig auftragen. Und die Zeitschrift *Harper's Bazar* (heute: *Harper's Bazaar*) veröffentlichte 1874 einen Artikel über Handreichungen für die Toilette, in dem verschiedene Einsatzmöglichkeiten für Honig empfohlen wurden. So sollte man ihn beispielsweise mit Holzkohle zu einer Paste vermischen, die man über die Zähne rieb, um diese zu reinigen und Mundgeruch vorzubeugen, oder ihn als Peeling auf die Haut auftragen.

Megan Bradley schreibt in ihrem Artikel in *T: The New York Times Magazine*, die Rückkehr zu naturbelassenen Substanzen wie Bienenprodukten sei Ausdruck eines allgemeinen kulturbedingten Bedürfnisses nach Nachhaltigkeit:

> Die Leute wünschen sich natürliche Zutaten, sie wollen wissen, wo diese herkommen, und sie wollen sich überzeugen, dass die Firmen umweltbewusst agieren. Das ist den Verbrauchern wichtig geworden, doch die Schönheitsindustrie hatte sich in der Vergangenheit nicht besonders intensiv mit Nachhaltigkeit und Rückverfolgbarkeit befasst. Jetzt erleben wir, wie viele Firmen sich auf die Verwendung von auf natürliche Weise entstandenen Zutaten verlegen. Nun braucht man nicht mehr künstliche Inhaltsstoffe im Labor herzustellen, sondern kann sie sich dort holen, wo sie entstehen. Eine Menge neuer Marken, die [in ihren Schönheitsprodukten] Honig verwenden, haben eigene Bienenfarmen.

Honig sei ein wahrer Anti-Aging-Krieger, denn er bekämpfe die freien Radikale, die das Kollagen in unserer Haut zerstören, erläutert Megan Bradley weiter.

> Freie Radikale entstehen durch Luftverschmutzung, und alles, was sich in der Luft und im Wasser befindet, ist natürlich auch auf unserer Haut, denn wir baden in Wasser, waschen unsere Hände, gehen aus dem Haus. Wenn eine Frau älter wird, produziert ihr Körper weniger Östrogen und Progesteron, jene Hormone, die die Kollagenproduktion anregen. Kollagen ist der Hautbaustein, und wenn die Hormonproduktion nachlässt, erschlafft die Haut und wird trockener. Die Verbindungen zwischen Kollagen und Haut werden schwächer, was zu nachlassender Elastizität und Mikrorissen führt.

Das Schwinden von Kollagen bedingt auch Altersflecken und Faltenbildung. Was Honig verhindern kann. »Honig wirkt wie eine Barriere. Auf die Haut aufgetragen, heilt er sie und verhindert gleichzeitig, dass Bakterien in die Haut eindringen.« Die Vielseitigkeit des Honigs ist ein weiterer seiner Trümpfe:

> Honig eignet sich auch gut als Peeling. Er enthält natürliche Enzyme und AHAs (Alpha-Hydroxy-Säuren), eine Klasse von Säuren, die man auf die Haut aufträgt, um abgestorbene Hautzellen abzutragen. Der Trend geht weg von physikalischen Peelings für das Gesicht und hin zu säurehaltigen oder flüssigen Peelings. Viele physikalische Peelings sind eigentlich kleine Mikroperlen, also winzige Plastikteile. Sie peelen zwar, aber sie können Mikrorisse in der Haut verursachen, außerdem landen die Mikroperlen im Abfluss und in der Wasserversorgung. Man ist zu AHAs übergegangen, die auf eine andere Weise peelen.

Wieder ein Punkt für Honig. Megan Bradley begeistert sich für das Potenzial von Mānukahonig, der noch viel kräftiger wirkt als anderer Honig: »Mānukahonig ist deshalb interessant, weil seine Wirksamkeit und seine antibakteriellen Eigenschaften in zahlreichen Studien bewiesen wurden. Außerdem gibt es viele Hinweise darauf, dass er die Produktion von Kollagen anregt und damit tatsächlich verjüngend wirkt.« Die entzündungshemmenden Eigenschaften von Mānukahonig helfen außerdem bei Akne oder gereizter Haut.

WIRKSAME PROPOLIS

Wenn wir »Bienen« hören, denken wir zwar meist zuerst an Honig, doch ist dieser nicht die einzige Frucht ihrer fleißigen Arbeit. Propolis, die wachsartige Substanz, deren Grundstoff aus Bienenwachs, Bienenspeichel sowie Blatt- und Knospenharzen besteht und die die Bienen zum Abdichten ihres Stocks verwenden, findet auch bei uns Menschen zunehmend Verwendung in unterschiedlichsten Bereichen.

Wundermittel

Man nimmt an, dass Propolis das Immunsystem stärkt, entzündungshemmend wirkt und die Mundhygiene unterstützt. Grund dafür könnte sein, dass die Bienen Propolis wie ein Desinfektionsmittel einsetzen. Wenn Eindringlinge wie Mäuse oder Eidechsen in den Stock gelangen, kämpfen die Bienen gemeinsam gegen sie. Da die toten Tiere aber zu groß sind, um sie aus dem Stock zu befördern, balsamieren die Bienen sie mit einer dicken Propolisschicht ein und schützen ihr Volk auf diese Weise vor Infektionen. Mittlerweile gibt es zahlreiche Produkte wie Tinkturen, Lutschtabletten, Nasensprays, Mundwasser und Zahnpasten, die antibakteriell wirkende Propolis enthalten.

Rückverfolgbare Schönheit

Propolis wurde auch zum Star der Hautpflege. Megan Bradley kennt die Gründe dafür:

> Firmen, die bereits eigene Bienenfarmen besitzen und für ihre Erzeugnisse Honig verarbeiten, verwenden gern dessen Nebenprodukte, weil das nachhaltig ist und keine Fragen nach Rückverfolgbarkeit aufkommen lässt. Dadurch wirken sie auch im ökologischen Sinne glaubhafter, denn sie verarbeiten etwas, das ansonsten vielleicht weggeworfen werden würde. Koreanische Kosmetikfirmen verwenden Propolis schon seit Längerem als Mittel zur Stärkung der Hautbarriere. Die Assoziation einer Substanz, die Bienen anwenden, um ihren Stock zu schützen, mit Produkten, die Haar oder Haut schützen sollen, ist Verbrauchern leicht nahezulegen.

GLÄNZENDES BIENENWACHS

Bienenwachs ist ein weiteres, vielseitig verwendbares Bienenerzeugnis. Sicher haben oder hatten Sie es in der Vergangenheit schon einmal in Ihrem Haushalt.

Kunstgewerbe

Bienenwachs war lange Zeit ein bevorzugtes Material der Kerzenherstellung, vermutlich, weil sein Schmelzpunkt höher ist als der der meisten Paraffinwachse. Auch werden Bienenwachskerzen wegen ihres Dufts geschätzt und weil sie langsamer herunterbrennen. Da sich Bienenwachs gut kneten und formen lässt, findet es auch in der Bildhauerei und der Schmuckherstellung Verwendung oder wird zu Figuren geformt. Beim Gravieren von Glas und Metall dient es als säurefeste Schutzschicht.

Nachhaltige Lagerung

Mittlerweile hat Bienenwachs auch Eingang in unsere Küchen gefunden, nämlich in Form von Bienenwachstüchern, in die Lebensmittel eingewickelt werden, damit sie frisch bleiben. Das Bienenwachstuch stellt eine umweltfreundliche Alternative zu Plastik- oder Alufolie dar, ist atmungsaktiv und wasserfest. Außerdem verhindert es die Schimmelbildung.

SCHÖNHEIT SCHENKENDES BIENENGIFT

Bienengift (Apitoxin), das als natürliche und ganzheitliche Alternative zu Honig angepriesen wird, ist in Cremes, Seren und Gesichtsmasken enthalten und hat viele prominente Fans, darunter Victoria Beckham, Kate Middleton, Michelle Pfeiffer und Kylie Minogue. Das wirkstarke Mittel soll die Durchblutung sowie die Produktion von Kollagen und Elastin anregen und darüber hinaus auch die Erneuerung von Haut und Zellen.

POTENTER POLLEN

Die alten Griechen nannten den Bienenpollen Ambrosia, »Speise der Götter«. Heute kann man Ambrosia in Form von Granulat im Reformhaus kaufen, und sie wird verschiedenen Lebensmitteln zugesetzt. Es gibt sogar Schokolade mit gefriergetrocknetem Bienenpollen. Was aber ist das Besondere daran?

Da er zu 30 Prozent aus Protein, einer Unmenge von Mineralien und Vitaminen sowie aus allen Aminosäuren, die der menschliche Körper braucht, besteht, gilt Bienenpollen als eines der reichhaltigsten natürlichen Nahrungsmittel. Er soll das Abnehmen unterstützen, zu einem frischen Teint verhelfen und Allergien lindern, doch müssen diese Behauptungen erst noch wissenschaftlich geprüft werden.

Die Palynologin Dr. Katherine Holt warnt davor, Bienenpollen als das Zaubermittel gegen sämtliche Gesundheitsprobleme anzusehen: »Er wird als Superfood verkauft und ist sehr reich an Nährstoffen, Aminosäuren und Spurenelementen. Doch ich bin mir nicht sicher, wie viel davon unser Magen tatsächlich absorbieren kann, denn die Pollenhülle ist sehr stabil; dies ist auch der Grund, warum er sich so lange hält und sogar fossilisiert.«

KÖNIGLICHES GELEE

In der Antike sah man es als Stärkungsmittel an (siehe S. 166). Heute wird Gelée royale, das milchige Sekret aus den Futterdrüsen der Arbeitsbienen, zahlreichen Nahrungsergänzungsmitteln beigegeben. Die protein- und vitaminreiche Substanz soll die Abwehrkräfte steigern, den Cholesterolspiegel senken und sogar die Fruchtbarkeit erhöhen: Forschungen ergaben, dass der Genuss von Gelée royale Anzahl und Beweglichkeit der Spermien steigert.

Dennoch ist Hautpflege diejenige Sparte, in der Gelée royale am eifrigsten verwendet wird. So werden Propolis und Gelée royale vielen Hautcremeprodukten hinzugefügt, um die Haut feuchter zu halten. Es steht zu erwarten, dass in den nächsten Jahren noch mehr Gelée royale enthaltende Kosmetika auf den Markt kommen.

Folgende Doppelseite: *Apis mellifera* im Puppenstadium. In dieser Phase verwandelt sich die vormalige Larve in die erwachsene Biene.

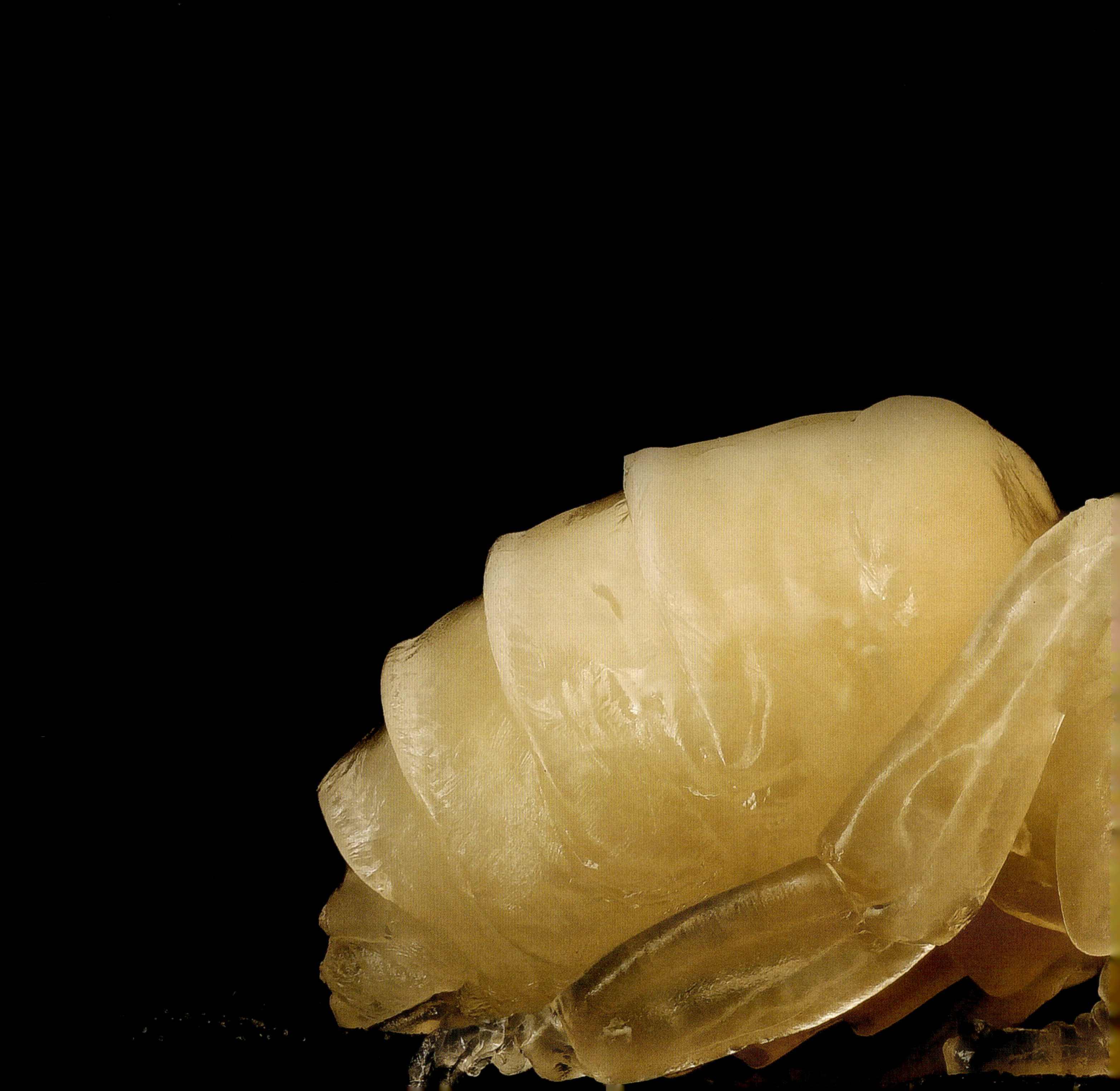

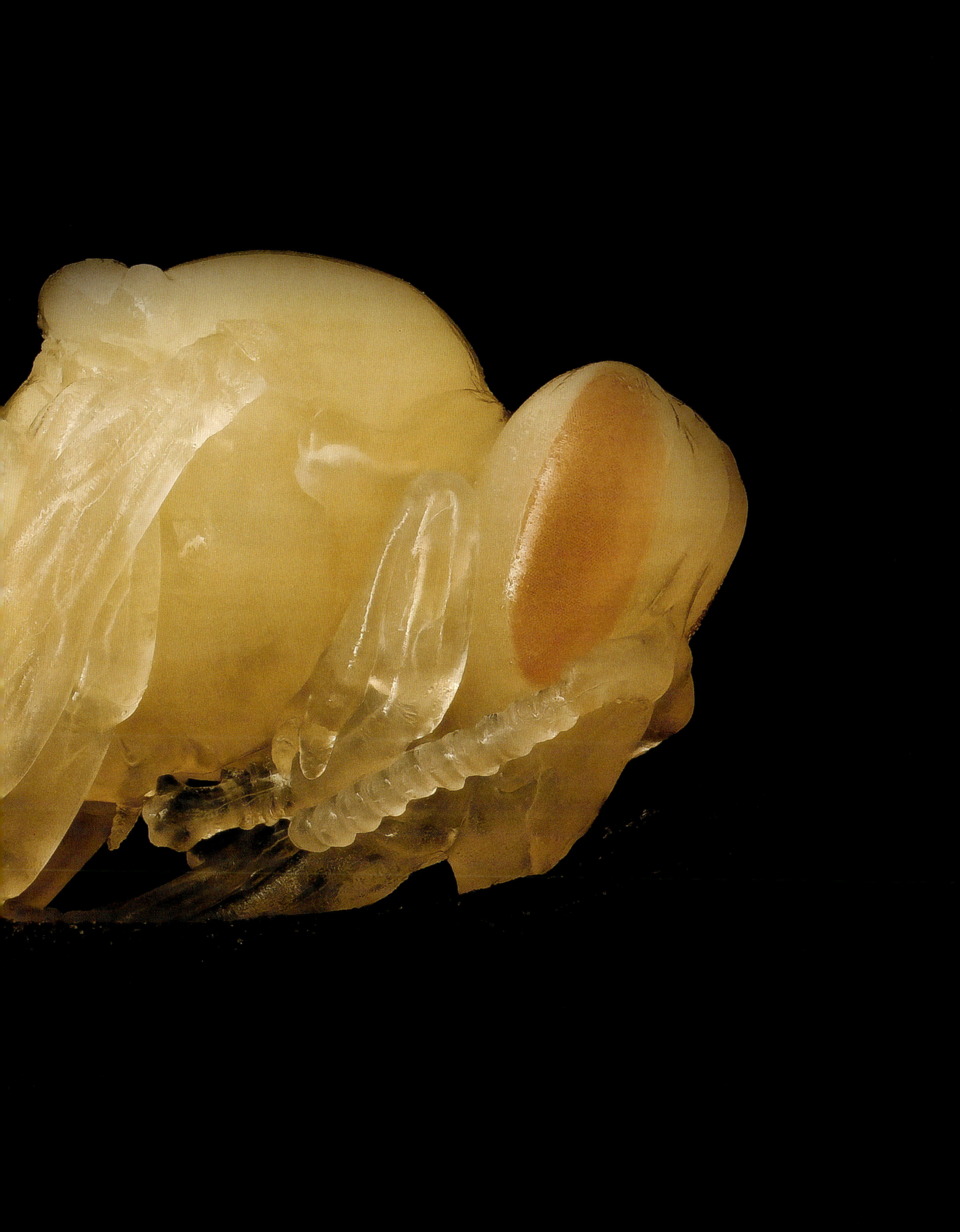

Lebenselixier: die Lebenserwartung der Bienenkönigin, verglichen mit der des Menschen

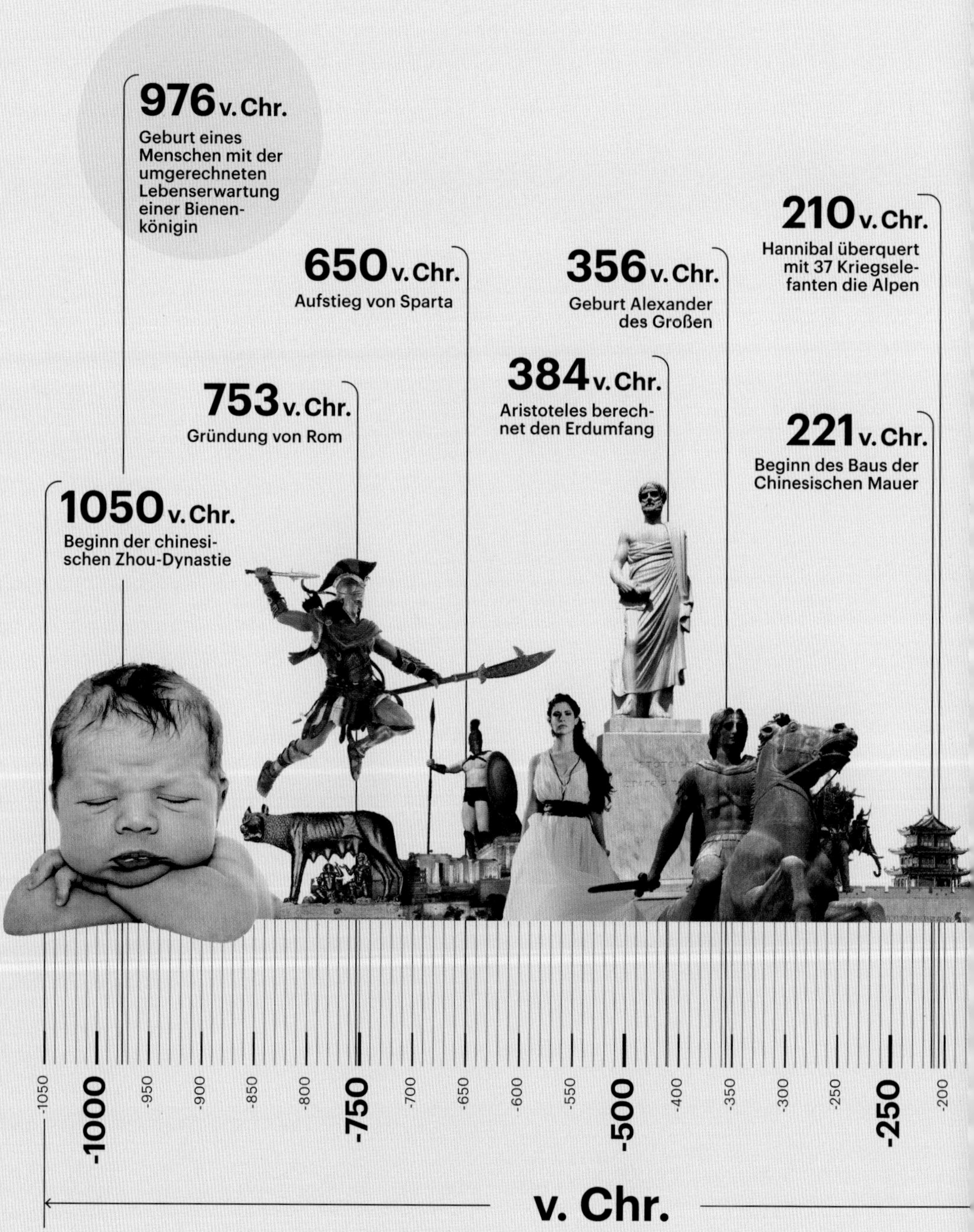

So sähe die Lebenserwartung eines Menschen aus, wenn sie der einer Bienenkönigin entspräche.*

Eine Königin kann etwa 40-mal so alt wie eine Arbeitsbiene werden. Auf Menschenjahre umgerechnet wäre das so, als ob Sie und ich vor Jesus zur Welt gekommen wären.

→

Die ersten Studien erbrachten vielversprechende Ergebnisse. Ein Artikel, der sich mit Gelée royale und seinen Bestandteilen befasst, kommt zu dem Schluss, dass diese Substanz die Lebenserwartung von Menschen verlängern könnte, indem sie den gesundheitlichen Allgemeinzustand verbessert.

Der Biotechnologe Dr. Kannan Subramanian führt dies auf den Proteingehalt von Gelée royale zurück: »Gelée royale enthält wesentlich mehr Protein als andere Bienenprodukte wie etwa Honig. Aktuelle Forschungen zeigen, dass Proteine bei der Gesundheitsfürsorge eine Schlüsselrolle spielen könnten.«

Andere Forschungen untersuchten weitere Eigenschaften von Gelée royale, angefangen von seiner Fähigkeit, Mattigkeit zu bekämpfen und die Ausdauer zu stärken, bis hin zu seinem Potenzial, kognitive Defizite auszugleichen sowie die neuronale Gesundheit und die Fruchtbarkeit zu fördern. Was die Erforschung von Gelée royale betrifft, haben wir erst die Spitze des Eisbergs gesichtet. Und auch wenn die Menschheit das Geheimnis des ewigen Lebens immer noch nicht aufdecken konnte, so ermöglicht uns Gelée royale doch zumindest, von der Unsterblichkeit zu träumen.

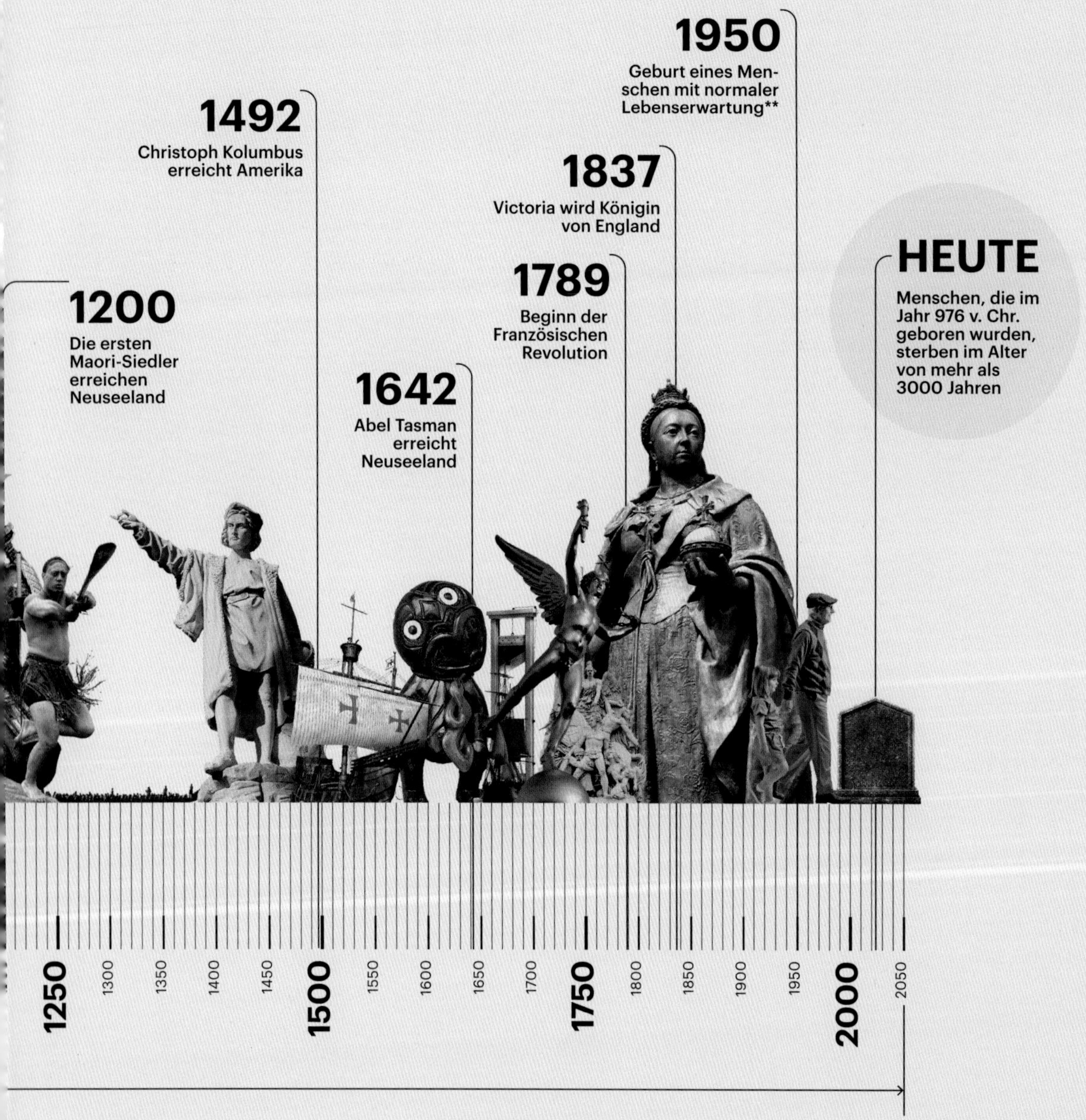

* Näherungswerte

** Laut WHO beträgt die durchschnittliche Lebenserwartung eines Menschen derzeit 73 Jahre

Das Alter ist nur eine Zahl, aber es ist nicht ganz uninteressant, wenn es um die Lebensspanne einer Biene geht. Während Drohnen und Arbeitsbienen nur ungefähr drei bzw. sechs Wochen alt werden, beträgt die durchschnittliche Lebenserwartung einer Königin drei Jahre, unter besonders günstigen Bedingungen sogar sechs Jahre. Das entspricht dem 40-Fachen der Lebenserwartung einer Arbeitsbiene.

Der Grund für diese Langlebigkeit ist Gelée royale. Anders als andere Bienen ernährt sich die Königin hauptsächlich von diesem milchigen, proteinreichen Sekret aus den Futterdrüsen der Arbeitsbienen (siehe S. 56).

Die sehr wirksame Substanz enthält außer Proteinen auch Lipide, Aminosäuren, Kohlenhydrate und etliche Vitamine, darunter der Gruppen A und B. Ihre Heilkraft wird weiterhin erforscht, doch wissen wir mittlerweile, dass Gelée royale antibakterielle, antioxidative und entzündungshemmende Eigenschaften besitzt.

Das Wissen über diese Eigenschaften und die Langlebigkeit der Königin lässt die Frage aufkommen, inwieweit der Verzehr von Gelée royale die Abwehrkräfte von uns Menschen stärken und vielleicht auch unsere Lebenserwartung verlängern könnte.

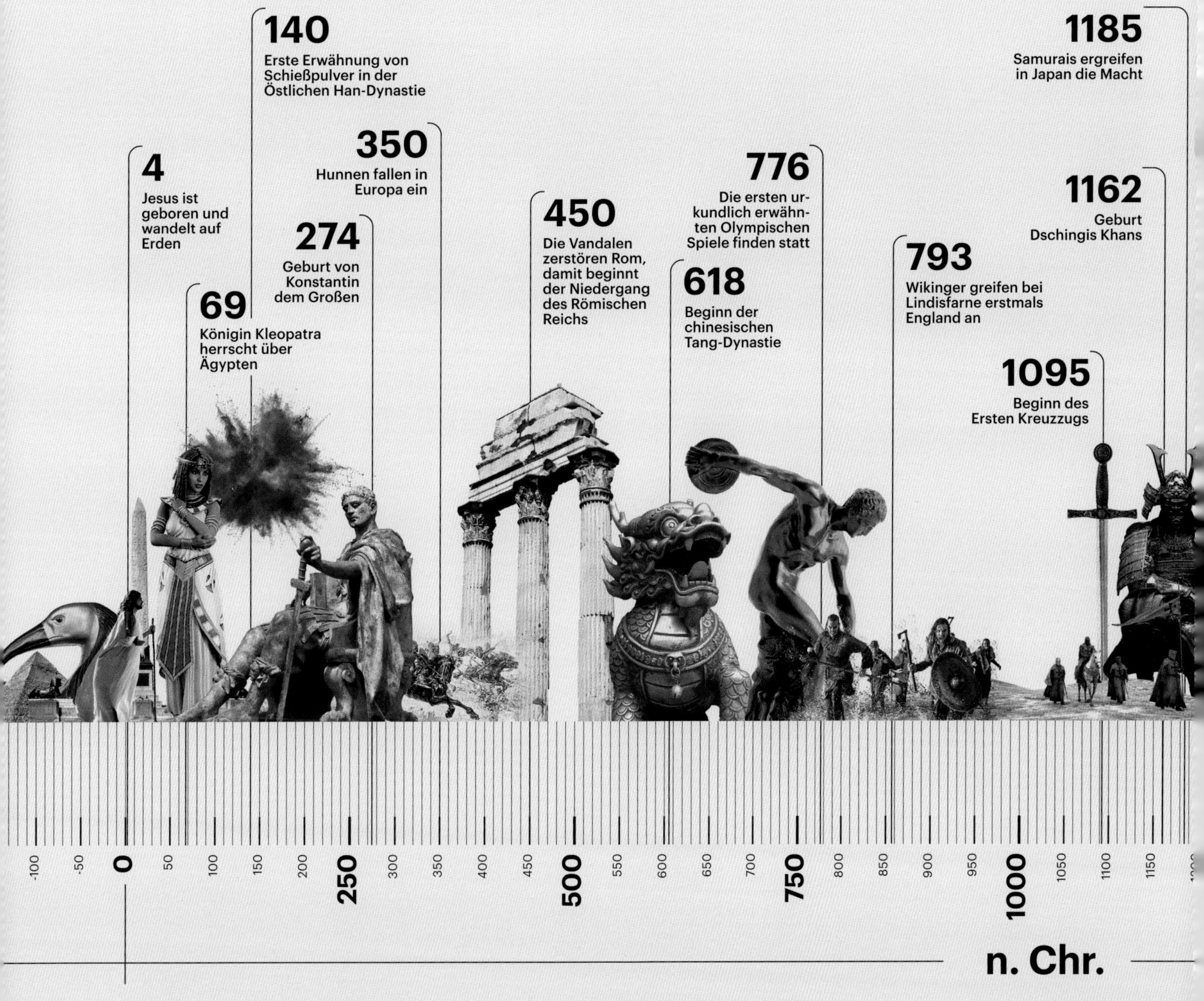

Mānukahonig als Heilmittel

Honig ist nicht nur ein leckerer Brotaufstrich, sondern auch ein bewährtes Heilmittel, das schon von den alten Ägyptern und Griechen geschätzt wurde. Schauen wir uns einmal die Heilwirkung dieser Substanz etwas näher an, die in der modernen Medizin eine immer wichtigere Rolle spielt.

Die Medizin von Mutter Natur

Mittlerweile ist es wissenschaftlich bewiesen, dass Honig, und insbesondere Mānukahonig, eine wirksame Wundsalbe darstellt (siehe S. 176). Vor allem bei diabetischen Wunden erweist er sich als wirksamer als herkömmliche Behandlungen. Heike Krüger, eine ehemalige Krankenschwester, die heute in der Honigindustrie tätig ist, kann dies bezeugen:

> Ich hatte einen Diabetespatienten mit sehr großen offenen Stellen an beiden Beinen. Sein Arzt hatte angeordnet, dass auf die Wunden Honig zu streichen sei – ein alter Kniff, der zwar verhindert, dass der Verband an der Wunde klebt, eine Entzündung jedoch nicht lindern kann. Anstelle einer anderen Honigsorte verwendete ich Mānukahonig mit 100 MGO [Methylglyoxalgehalt]. Als ich die Verbände am nächsten Morgen entfernte, rochen die Wunden nicht und waren sauber. Ich habe jahrelang in geriatrischen Abteilungen gearbeitet und schlimmes Wundliegen behandelt, und noch nie zuvor war über Nacht eine solche Verbesserung aufgetreten.

Diabetische Wunden heilen nur langsam, und konventionelle schulmedizinische Behandlungsmethoden schlagen nicht immer an. Im Lauf der letzten zehn Jahre konnte in Studien die Heilkraft von Mānukahonig bei derartigen Wunden bewiesen werden. »Es ist nicht nur der Honig, der den Unterschied macht, sondern speziell der Mānukahonig«, erklärt Heike Krüger. Dank seiner antibakteriellen Eigenschaften und der entzündungshemmenden Wirkung lindert er diabetische Wunden effektiver als andere Verletzungen, wobei er auch bei Letzteren sehr wirkungsvoll eingesetzt werden kann (siehe S. 175–176).

Bevor Antibiotika in den 1940er- und 1950er-Jahren aufkamen, war Honig bei der Wundbehandlung oft das Mittel der Wahl. Als dann Jahrzehnte später antibiotikaresistente Keime entstanden, erlebte der Honig sein Comeback als Heilmittel.

Krankenhauskeim-Killer

Bevor Antibiotika in den 1940er- und 1950er-Jahren aufkamen, war Honig für die Wundbehandlung oft das Mittel der Wahl. Als dann Jahrzehnte später antibiotikaresistente Keime entstanden, erlebte der Honig sein Comeback als Heilmittel. Während Antibiotika gegen Superkeime machtlos sind, kann Mānukahonig ihnen Einhalt gebieten. Der Mikrobiologe Dr. Jonathan Cox, der den Einsatz von Mānukahonig bei Atemwegserkrankungen untersucht, erklärt: »Die Mutationshäufigkeit – das Tempo, in dem Bakterien gegen Wirkstoffe resistent werden – ist bei Mānukahonig sehr niedrig, und ich führe das auf den vielseitigen Aktionsmechanismus des Mānukahonigs zurück. Er tötet Bakterien gleichzeitig auf vielfache Weise ab.«

Während weiterhin über die Wirkung von Mānukahonig auf Superkeime geforscht wird, setzt man ihn bereits bei Staphylokokkeninfektionen ein. Ärzt:innen des Christie Hospital in Didsbury, Großbritannien, wenden Mānukahonig bei Patienten mit Mund- und Kehlkopfkrebs an, um bei ihnen das Risiko einer Ansteckung mit Methicillin-resistenten *Staphylococcus aureus*-Bakterien (MRSA) zu senken. Bei For-schungen am Cardiff-Institut der University of Wales wurde festgestellt, dass Mānukahonig die Abwehrkräfte der Bakterien gegen Antibiotika schwächt, sodass MRSA empfindlicher auf Antibiotika wie Oxacillin reagiert und nicht länger resistent ist.

Noch wichtiger aber ist, dass man bisher keine Bakterien finden konnte, die gegen Honig resistent sind, und im Labor keine Resistenz gegen Honig allgemein und gegen Mānukahonig im Besonderen ausgelöst werden konnte.

Hausmittel Honig

Als Hausmittel wird Honig bei Erkältungen, Halsschmerzen und vielen anderen Beschwerden eingesetzt. Und das ist alles andere als Aberglaube: Eine 2020 durchgeführte Studie ergab, dass Honig bei leichten Erkältungen besser hilft als Antibiotika oder einschlägige rezeptfreie Medikamente. Forschende der Universität Oxford untersuchten die Wirksamkeit von Honig bei der Behandlung von Infektionen der oberen Atemwege, bei denen Nase, Kehle, Stimmbänder und Bronchien betroffen sind.

Da die meisten dieser Erkältungen durch Viren ausgelöst werden, können Antibiotika sie nicht heilen. Die Forschenden kamen zu dem Schluss, dass Honig bei Patienten, die älter als ein Jahr waren, das gefahrloseste, preisgünstigste und am leichtesten zu erhaltende Mittel gegen die auftretenden Symptome ist.

Heilende Honigsorten aus aller Welt

Zwar reichen andere Honigsorten hinsichtlich Qualität, Stärke und Heilwirkung nicht an Mānukahonig heran, doch gibt es einige mit vielversprechendem Potenzial.

Tualang-Honig (TH) wird von Riesenhonigbienen *(Apis dorsata)* aus dem Nektar verschiedener Blüten des malaysischen Regenwalds produziert. Ebenso wie Mānuka besitzt auch TH entzündungshemmende und antimikrobielle Eigenschaften. Außerdem enthält er Antioxidantien und fördert die Wundheilung. Er bekämpft nachweislich das für Magengeschwüre verantwortliche Bakterium *Heliobacter pylori*, das sich im Darm einnistet (siehe S. 178), und hat sich bereits bei der Behandlung von Staphylokokkeninfektionen als wirksam erwiesen.

In den USA hat eine mit Mānuka verwandte Pflanze von sich reden gemacht: *Melaleuca quinquenervia*, die Mao-Holzrose oder Myrtenheide, stammt aus Australien und ist in Florida stark verbreitet. Ihre Blüten sind eine wichtige Quelle für dickflüssigen, bernsteinfarbenen Honig mit Karamellaroma. Dieser enthält etliche therapeutisch wirksame Phenolsäuren, die auch Mānukahonig aufweist, und wird wegen seiner antibakteriellen und wundheilenden Eigenschaften auch »Amerikanischer Mānukahonig« genannt.

Ja, in der Tat gibt es auch andere Honigsorten mit beeindruckender Heilwirkung, doch die besten Ergebnisse erzielt immer noch Mānukahonig.

Während Antibiotika gegen Superkeime – Viren, Bakterien und Krankheitserreger, die gegen die üblichen Behandlungen resistent sind – nichts ausrichten, kann Mānukahonig ihnen erfolgreich Einhalt gebieten.

Mānukahonig als Medikament

Dr. Jonathan Cox blickt optimistisch in die Zukunft. »Mānukahonig wurde schon in der Vergangenheit zur Behandlung von Asthmapatienten eingesetzt und zeigt Erfolge bei der Heilung von Infektionen mit dem Stäbchenbakterium *Pseudomonas aeruginosa*, das Lungenentzündung verursacht. Ich kann mir vorstellen, dass wir eines Tages zur Behandlung von Lungenproblemen zu Mānukahonig greifen. Nehmen wir zum Beispiel Patienten mit Mukoviszidose, einer chronischen Entzündungskrankheit der Lunge. Stellen Sie sich vor, sie könnten einen tragbaren Inhalator benutzen, wenn sie einen schlimmen Hustenanfall haben, und die Gabe von Mānukahonig würde dazu beitragen, die Stabilität des Lungenmilieus zu erhalten.«

Nun erwacht das Interesse an Honig nicht nur als möglicher Faktor in der medizinischen Versorgung, sondern auch als therapeutischer Marker für die Entwicklung neuer Behandlungsmethoden.

Links: Mānuka blüht normalerweise nur zwei bis sechs Wochen im Jahr. Dann ist die Pflanze mit zierlichen weißen Blüten bedeckt.

Wir wussten nicht, warum, aber es funktionierte

Weltweit werden heute über 300 Honigsorten produziert, und jede einzelne von ihnen wird mit gesundheitsfördernden Wirkungen beworben. Wir Menschen scheinen vom flüssigen Gold nahezu besessen zu sein: Wir essen es, wir schmieren uns Produkte, die es enthalten, ins Gesicht, wir verwenden es als Konservierungsmittel für Nahrung. Viele Prominente gestehen, dass sie nicht genug davon bekommen können, darunter Jennifer Garner, Leonardo DiCaprio und »Queen B« alias Beyoncé, die allesamt Hobbyimker:innen sind.

Zwar gibt es Mānukahonig schon seit rund 200 Jahren, doch erst vor ungefähr 20 Jahren wurde man sich seiner wahren Werte bewusst und lernte den dunklen Honig aus Neuseeland wegen seiner Heilwirkung zu schätzen. Er ist rein und stärkend, unterstützt die Abwehrkräfte, könnte vielleicht sogar die Lebenserwartung verlängern, fördert die Wundheilung und wirkt als Anti-Aging-Mittel Wunder.

Wir wussten schon damals, vor 20 Jahren, dass wir es mit einem unglaublichen Produkt zu tun hatten, doch erst heute bemühen wir uns herauszufinden, warum dieser Honig so fantastisch ist.

Fake News

Lange Zeit über flog Mānukahonig sozusagen unter dem Radar. Der milde, sonnengelbe Kleehonig war wesentlich beliebter, und Imker:innen nutzten Mānukahonig als Bienenfutter oder vermischten ihn mit anderen Sorten – bis Forschende der Waikato University in Neuseeland in den 1990er-Jahren die einzigartigen antibakteriellen Eigenschaften von Mānukahonig entdeckten. Der Biowissenschaftler Dr. Peter Molan stellte fest, dass dieser Honig seine antibakterielle Wirkung sogar beibehielt, wenn kein Wasserstoffperoxid vorhanden ist. Er bezeichnete dieses einzigartige Phänomen als »nichtperoxide Aktivität« und prägte 1997 den Begriff »Unique Mānuka Factor« (UMF; »einzigartiger Mānuka-Faktor«).

Daraufhin stieg das Interesse an diesem Honig blitzartig an. Der Wissenschaftler Dr. James Sainsbury meint dazu: »In den 1980er- und 1990er-Jahren durchgeführte Forschungen ergaben, dass Mānukahonig über eine Palette einzigartiger antimikrobieller Eigenschaften verfügt, die wir künstlich nicht nachahmen können. Er ist sehr gefragt, zum einen als Mittel der westlichen Schulmedizin, die ihn bei Geschwüren und Wunden einsetzt, aber auch in Zusammenhang mit einer ganzheitlicheren Weltsicht, deren Anhänger Honig essen, ihn auf vielfache Weise verwenden und sich dadurch besser fühlen. Diese Faktoren heizen die Nachfrage an, und deshalb ist Mānukahonig wesentlich teurer als jede andere Honigsorte der Welt.«

Plötzlich wollten ihn alle ausprobieren. Eine Millionen-Dollar-Industrie entstand, in deren Fahrwasser Nachahmungen und starke Verdünnungen auf den Markt kamen.

Was Mānukahonig so wirkstark macht, ist seine nichtperoxide Aktivität, die in direktem Zusammenhang mit seinem Gehalt an Methylglyoxal (MGO) steht (siehe S. 170). Methylglyoxal besitzt starke antibakterielle Eigenschaften, und je mehr MGO ein Honig enthält, desto ausgeprägter ist seine Heilkraft.

Obwohl es Mānukahonig schon seit 200 Jahren gibt, entdeckte man erst vor ungefähr 20 Jahren, wie wertvoll er ist.

In einer Branche, die die Authentizität ihres Produkts durch anspruchsvolle Analysen bestätigen muss, wurde Methylglyoxal zu einem Marker für Glaubwürdigkeit. Mittlerweile gilt der MGO-Gehalt als Kriterium dafür, ob ein Honig über Dr. Molans »einzigartigen Mānuka-Faktor« verfügt; weitere Kriterien sind Haltbarkeit und Reinheit. Erfüllt er sie alle, so darf der Hersteller die Abkürzung UMF auf die Etiketts seiner Honiggläser drucken.

Das ist nicht das erste Mal, dass besondere Kriterien die Authentizität eines Produkts definieren. Man denke nur an Champagner, der sich nur so nennen darf, wenn er tatsächlich aus der französischen Region Champagne stammt. Ähnlich verhält es sich mit Mozzarella. Diese Käsesorte ist laut europäischen und britischen Gesetzen nur echt, wenn sie die Bezeichnung »Traditional Speciality Guaranteed« (TSG; »Garantiert traditionelle Spezialität«) trägt. Da haben Fälschungen keine Chance!

Aromanuancen

Ein weiteres Alleinstellungsmerkmal des Mānukahonigs ist sein Geschmack. Je nach Herkunft kann er Nuancen von Heidekraut, eine scharfe Mentholnote, ein mildes, leicht mineralisches Aroma oder sogar einen leicht bitteren Abgang aufweisen.

»Die Nase ist das empfindlichste Untersuchungsinstrument, das uns zur Verfügung steht«, erklärt der Lebensmittelchemiker Professor Thomas Henle. »Mānukahonig besitzt einen einzigartigen Geschmack. Aus wissenschaftlicher Sicht wissen wir wenig über die Faktoren. Hängen sie mit der regionalen Herkunft zusammen? Ist das Geschmacksprofil bei einer Herkunft von der Südinsel Neuseelands anders, als wenn der Honig von der Nordinsel kommt?«

Der Sommelier Karan Patyal verkostete Mānukahonig professionell. »Wir verkosteten Mānukahonig in den Qualitäten von 200 MGO bis 1060 MGO, ebenso Wabenhonig, Cremehonig und Honig aus verschiedenen Chargen. Bei niedrigerem MGO stellten wir mehr primäre Fruchtnoten fest: Pfirsich, Steinobst, Weintrauben, frische Früchte. Honig mit höherem MGO weist einen kräftigeren, erdigen, karamellartigen Charakter auf.«

Der Geschmack verändert sich im Laufe der Entwicklung des Honigs, wie Karan Patyal weiter ausführt: »Wir kosteten Honig, der noch nicht kristallisiert oder cremig war und der noch nicht viel Aroma besaß. Er schmeckte wirklich fad. Aber wenn man ihn probiert und die Kristalle im Mund zerplatzen, dann kommt die Bitterkeit zum Vorschein.«

Die Auswirkung des Terroirs auf den Geschmack des Mānukahonigs muss noch weiter erforscht werden. Das französische Wort *terroir*, das sich mit »Land« übersetzen lässt, steht für den Einfluss einer spezifischen Region und ihrer Umweltfaktoren wie Klima, Bodentyp, Landschaft und Bodenprofil auf die dort angebauten Nutzpflanzen und wird üblicherweise in Zusammenhang mit Wein verwendet. Sollte es wirklich eine Rolle spielen, wo die Bienenkästen stehen?

MGO ist eine natürliche Substanz, und Forschende sind mittlerweile in der Lage zu unterscheiden, ob ein Honig natürliches oder synthetisches MGO enthält.

Einzigartig

Wie bereits erwähnt, ist das herausragendste Alleinstellungsmerkmal des Mānukahonigs seine beeindruckende Heilkraft. Seine Fähigkeit, von Halsweh bis hin zu offenen Wunden praktisch alles heilen zu können (siehe S. 160), hat ihm zu weltweitem Ruhm verholfen und dazu geführt, dass er seit 2008 in FDA-zugelassenen und CE-gekennzeichneten Medizinprodukten zur Behandlung von Geschwüren, kleineren Verbrennungen, Fußwunden und Traumata verwendet wird.

Dies verdankt er seinen starken antibakteriellen Eigenschaften. Alle Honigsorten weisen antibakterielle Eigenschaften auf. Sie gehen zurück auf eine chemische Reaktion, bei der das Bakterien zerstörende Wasserstoffperoxid entsteht. Mānukahonig aber besitzt zusätzliche antibakterielle Agenten – und das ist das, was Dr. Molan als »nichtperoxide Aktivität« bezeichnet. Methylglyoxal (MGO) ist die Verbindung, die hauptsächlich für diese nichtperoxide Aktivität und damit für die starken antibakteriellen Eigenschaften des Mānukahonigs verantwortlich ist.

Aufgrund dieser Eigenschaften kann Mānukahonig als medizinisches Behandlungsmittel eingesetzt werden. Der Imker Dave Campbell erklärt: »Was die Wundheilung betrifft, ist Mānukahonig wirklich ein magisches Mittel. Auch in der Kosmetik. Ich habe von Jugendlichen mit starker Akne oder Ekzemen gehört, die durch Mānukahonig innerhalb von Tagen geheilt wurden.«

Aktuelle Studien ergaben, dass Mānukahonig das Immunsystem anregt, Bakterien zu bekämpfen, und dadurch Wundheilung und Genesung unterstützt. Der Immunologe Dr. Olivier Gasser erforschte die Auswirkung von MGO auf Mukosa-assoziierte invariante T-Zellen (MAIT-Zellen); dies sind im ganzen Körper und auch in der Haut vorkommende Abwehrzellen. MAIT-Zellen bekämpfen schädliche Bakterien, die sie mithilfe von MGO aufspüren. Zwar produziert auch der Körper MGO, doch bestimmt die davon vorhandene Menge, wie viele schädliche Bakterien die MAIT-Zellen lokalisieren können. Bei seiner Forschung fand Dr. Gasser heraus, dass aus Mānukahonig stammendes MGO den MAIT-Zellen helfen kann, eine größere Menge schädlicher Bakterien aufzufinden. Dadurch trägt es dazu bei, die mikrobielle Infektion einzudämmen und das Immunsystem zu kräftigen. Weil MAIT-Zellen in großer Zahl in der Haut vorkommen, schlägt Mānukahonig bei der Behandlung von Wunden so gut an.

Immer wieder vergisst man, dass Mānukahonig auch stark entzündungshemmend ist. Indem seine Bestandteile Metalloproteasen hemmen, lindern sie Entzündungen, fördern die Regeneration von Gewebe und unterstützen den Körper in seinem Kampf gegen die Krankheit. Für ihre Doktorarbeit erforschte Amanda Bean die entzündungshemmende Wirkung von Mānukahonig.

> Mānukahonig kann bei Wunden angewendet werden, deren starke Entzündung nicht auf Antibiotika anspricht. Man erzielt damit wirklich gute Ergebnisse. Außerdem fördert er die Heilung. Hat man es beispielsweise mit einer vollkommen sauberen, bakterienfreien Wunde zu tun, die allen Behandlungen zum Trotz nicht heilt und etwa durch Wundliegen entstanden ist, so kann man davon ausgehen, dass Mānukahonig eine Besserung bringt. Für meine Doktorarbeit versuchte ich zu analysieren, welcher Bestandteil das bewirkt. Durch eine vergleichende Untersuchung wollte ich herausfinden, wie viel von diesem Bestandteil in verschiedenen Honigsorten enthalten ist.

Amanda Bean testete sämtliche in Neuseeland erhältliche Honigsorten sowie eine Reihe von Honigmischungen mit der Zelllinie THP-1.

> THP-1 ist eine monozytische Zelllinie (ein Typ von weißen Blutkörperchen), die aus dem peripheren Blut eines an akuter monozytischer Leukämie erkrankten Patienten isoliert wurde. Weiße Blutkörperchen sorgen für Wundheilung und lösen Entzündungsprozesse aus oder kontrollieren sie. Wenn diese Reaktionen jedoch außer Kontrolle geraten, können sie das Problem verschlimmern, indem sie die Anzahl der Zytokine in der Wunde erhöhen. Das wiederum löst einen Entzündungszyklus aus, der das Abheilen der Wunde verhindert. Es hat sich etabliert, mithilfe von THP-1 die Aktivität von Monozyten und Makrophagen in einer Substanz zu testen. Bei diesem Versuch wurden die THP-1-Zellen durch Zugabe von LPS (bakterielle Toxine) in einen infektiösen Zustand versetzt. Sodann fügte ich Honig hinzu, um zu sehen, ob die Entzündungsreaktion dadurch abgemildert wurde, und stellte fest, dass sogar geringe Dosen von Mānukahonig die Entzündung dieser THP-1 Zellen lindern können.

»In den 1980er- und 1990er-Jahren durchgeführte Forschungen ergaben, dass Mānukahonig über eine Palette einzigartiger antimikrobieller Eigenschaften verfügt, die wir nicht künstlich herstellen können.«

– Dr. James Sainsbury, Wissenschaftler

Zwar weist Amanda Bean darauf hin, dass jede Honigsorte entzündungshemmende Eigenschaften aufweist, doch ergab ihre Forschung, dass Mānukahonig in dieser Hinsicht allen überlegen ist. »Ich konnte beweisen, dass Mānukahonig den anderen Sorten meilenweit voraus war. So kann etwa Kleehonig eine wirklich schlimme Entzündung nicht heilen.«

Andere Studien über die entzündungshemmende Wirkung brachten zutage, dass Mānukahonig eine sehr hohe Fluoreszenz aufweist. Dies ist auf den MGO-Gehalt zurückzuführen, der den Proteinspiegel verändert, ein Prozess, der während der Lagerung des Honigs stattfindet. Die entzündungshemmende Wirkung eines hoch fluoreszenten Mānukahonigs mit fünfprozentiger Konzentration hatte dieselbe Wirkung wie 5 mg/ml Hydrokortison, das gewöhnlich bei Entzündungen verschriebene Mittel. Insgesamt erbrachte Amandas Forschung, dass Mānukahonig die Entzündungsreaktion im Körper abmildern und dadurch zur Heilung beitragen kann.

Zusammenfassend ist also bewiesen, dass Mānukahonig einzigartige entzündungshemmende, antivirale und antibakterielle Eigenschaften besitzt. Alles in allem ein Wunderheilmittel, das die Gesundheit fördert und erhält.

Die Honigbiene und die Menschheit

Mānukahonig hat alles verändert, was wir über Gesundheit und Medizin sowie über die Rolle, die die Natur dabei spielt, zu wissen glaubten. Diese einzigartige, besondere Substanz und die Bienen, die sie produzieren, erinnern uns eindringlich daran, über welche Macht die Natur verfügt und welchen Platz wir in ihr einnehmen. Deshalb ist es unsere Pflicht, die natürlichen Ressourcen ebenso zu schützen wie die Lebewesen, die zu ihnen beitragen, damit wir sie auch in Zukunft genießen können.

Die magische Zutat: MGO

Mānukahonig ist reich an Schätzen, doch eine besondere Komponente verleiht ihm seine einzigartige Heilkraft: Methylglyoxal, kurz MGO, ein Bestandteil mit sehr effizienter antibakterieller Wirkung.

Der Lebensmittelchemiker Professor Thomas Henle entdeckte 2008 als Erster diese Besonderheit des Mānukahonigs: »Wir wollten herausfinden, ob die in europäischen Honigsorten vorhandenen Verbindungen aus der Carbonylgruppe auch in Mānukahonig enthalten sind. Die Chromatogramme verrieten hohe Werte, und unsere Analyse ergab, dass MGO für die auffällige antibakterielle Wirkung [von Mānukahonig] verantwortlich ist. Auf dieser Beobachtung aufbauend entwickelten wir eine Methode für die zuverlässige Quantifizierung von MGO.«

Wie MGO funktioniert

Mānukahonig enthält mehr antibakterielle Wirkstoffe als alle anderen Honigsorten. Dr. Peter Molan bezeichnete diese außergewöhnliche antibakterielle Wirkung in den 1980er-Jahren als »nichtperoxide Aktivität (siehe S. 164). Zurückzuführen ist sie hauptsächlich auf MGO, das schädliche Bakterien und sogar antibiotikaresistente Keime töten kann.

Vielseitige medizinische Verwendung

Die Funktion variiert je nach MGO-Gehalt. Honig mit niedrigem MGO-Gehalt bewährt sich bei der Behandlung von offenen Wunden, Geschwüren und sogar Augenkrankheiten (siehe S. 178). Honig mit höherem MGO-Gehalt erweist sich als hilfreich bei internistischen Problemen wie etwa Sodbrennen und Magengeschwüren. Jüngste Studien haben auch gezeigt, dass Mānukahonig *Clostridium difficile*, ein Bakterium, das Darmentzündungen verursacht, wirksam bekämpfen kann.

Wahr oder falsch?

MGO hilft auch, gefälschten Mānukahonig zu entlarven. Professor Thomas Henle erläutert: »Methylglyoxal entsteht auf natürlichem Weg, kann aber auch künstlich hergestellt werden. Da es billig und frei erhältlich ist, kann es jeder kaufen und Honig beigeben, um dessen antibakterielle Wirkung zu verstärken. MGO reagiert mit den im Honig enthaltenen Proteinen und Aminosäuren. Dabei entstehen bestimmte Reaktionsprodukte, die uns wertvolle Hinweise liefern, denn anhand ihrer erstellen wir eine Art Fingerabdruck der von MGO im Honig hervorgerufenen Reaktion, die uns verrät, ob dieses MGO natürlich oder synthetisch ist.«

Dank der Arbeit von Professor Henle und seinen Kollegen kann inzwischen echter Mānukahonig von den Fälschungen unterschieden werden, indem 2AP (2-Acetyl-1-pyrrolin) als Marker verwendet wird, um betrügerisch zugesetztes MGO zu identifizieren.

Was ist MGO?
Ein in Honig von Natur aus vorkommender Wirkstoff.

Warum ist es wichtig?
Es ist die Ursache der einzigartigen antibakteriellen Wirkung des Mānukahonigs.

Was bewirkt MGO?
Je höher der Gehalt eines Honigs an MGO, desto stärker seine Heilkraft.

Wissenschaftler in Großbritannien fanden heraus, dass Mānukahonig in Zusammenwirkung mit einem Antibiotikum eine schwere Lungeninfektion effizienter günstig beeinflusst als das Antibiotikum allein.

Dem Mikrobiologen Jonathan Cox, Leiter der Microbiological Research Group des College of Health and Life Sciences der Aston University in Birmingham, gelang eine bahnbrechende Entdeckung.

Mycobacterium abcessus ist ein nichttuberkulöses multiresistentes Bakterium. Es löst aggressive, schwer zu behandelnde Lungeninfektionen aus, die dazu neigen, chronisch zu werden. *M. abcessus* nutzt bestehende Lungenprobleme, um seinen Wirt zu befallen.

Die derzeit übliche Behandlung dieser Infektion dauert 13 Monate und scheitert oft. Sie kann sich über Jahre hinziehen und schließlich zum Tod führen. Professor Cox entdeckte zusammen mit der Medizinstudentin Victoria Nolan, dass Mānukahonig *M. abcessus* wirksam bekämpft.

Da man für eine alleinige Behandlung mit Honig aber allzu große Mengen benötigen würde, untersuchten die beiden Forschenden, ob Mānukahonig zusätzlich zu einem geeigneten Antibiotikum eingesetzt werden konnte.

»Wenn man zwei Mittel, die jedes für sich genommen effektiv sind, gleichzeitig anwendet, spricht man von Synergie. Wir stellten fest, dass Mānukahonig zusammen mit dem Antibiotikum Amikacin, das direkt in die Lunge vernebelt ist, synergetisch wirkt. Wir vernebelten den Honig zusammen mit dem Antibiotikum und fanden heraus, dass der Honig sehr effizient ist und seine Anwendung es erlaubt, nur ein Achtel der sonst üblichen Amikacin-Menge einzusetzen.«

Amikacin ist zwar ein wirksames Antibiotikum, hat aber schwere Nebenwirkungen, darunter eine Verschlechterung des Gehörs, die sogar zur Taubheit führen kann. Eine Kombination von Antibiotikum und Honig, dank derer die Antibiotikadosis verringert werden kann, wäre eine große Verbesserung.

Professor Cox und Victoria Nolan arbeiten nun an der Weiterentwicklung ihrer Entdeckung, die, wenn alles nach Plan läuft, in nur drei Jahren zur Behandlung von Patienten zum Einsatz kommen könnte.

Ein indisches Krankenhaus belegt die Heilwirkung von Mānukahonig bei der Wundbehandlung.

Ärzt:innen des Zydus Medical College and Hospital in Gujarat bewiesen in einer vor Kurzem durchgeführten Studie die Heilkraft von Mānukahonig. Dr. Nupur Kapoor und Dr. Rahul Yadav testeten die Wirksamkeit des Honigs bei chronischen nicht heilenden und eiternden Wunden außerhalb des Mundes, die von antibiotikaresistenten Bakterienstämmen wie *Staphylococcus aureus* (MRSA) hervorgerufen werden.

Bei der über den Zeitraum von zwei Jahren laufenden Studie wurde festgestellt, dass zusammen mit Antibiotika eingesetzter Mānukahonig das Gewebewachstum förderte und Entzündungen hemmte, sodass die Wunden schnell abheilten.

Direkt aus Neuseeland importierter, prästerilisierter Mānukahonig wurde auf die Wunde aufgetragen; darüber kam eine absorbierende Wundauflage. Bei tieferen Wunden wurde eine größere Menge an Honig verwendet. Die Verbände wurden eine Woche lang jeden zweiten Tag gewechselt. Nach einer Woche hatte sich die Wundtiefe verringert, und die Eiterbildung hatte aufgehört. In den folgenden vier Wochen wurden die Verbände wöchentlich gewechselt, und am Ende der letzten Woche konnte eine vollständige Wundheilung festgestellt werden.

Die Forschenden gehen davon aus, dass das Auftragen von Mānukahonig den natürlichen Heilungsvorgang unterstützt, indem er die Produktion und Ausbreitung von Entzündungszellen unterdrückt und die Produktion von Epithelzellen und Fibroblasten anregt. Als Wundsalbe und zusätzlich zu Antibiotika angewendet, bekämpfte Mānukahonig effektiv Bakterien, hemmte Entzündungen und unterstützte eine rasche Heilung.

Eine Studie zeigt, dass Mānukahonig ein wirksames Mittel zur Desinfektion von medizinischem Material ist.

Forschende der Southampton University in Großbritannien testeten die antibakterielle Wirkung von Mischungen aus Mānukahonig und destilliertem Wasser.

Ihre Versuche ergaben, dass sogar hohe Verdünnungen von Mānukahonig die Entwicklung von Bakterienfilmen hemmten.

Bei der Reinigung medizinischer Geräte mit einer Mānukahoniglösung konnten Oberflächen zu 75 Prozent von potenziell tödlichen Bakterien befreit werden. Dies war ein wichtiger Schritt bei der Bekämpfung von Krankenhauskeimen und besonders von solchen, die an Urinkathetern vorkommen und für katheterisierte Patienten eine große Gefahr darstellen.

Auch fanden die Forschenden heraus, dass die entzündungshemmenden Eigenschaften von dunklen Honigsorten wie Mānukahonig den Patienten direkt zugutekamen.

Superkeim scheitert an Mānukahonig.

Aaron Phipps erkrankte als Teenager an einer bakteriellen Meningitis der Serogruppe C. Dies führte bei ihm zu einer Blutvergiftung, die zur Folge hatte, dass ihm Fingerspitzen und Unterschenkel amputiert werden mussten. Es blieben zahlreiche Wunden zurück, die auch nach Hauttransplantationen nicht heilten. Der Wechsel der Verbände an seinen infizierten Beinen war so schmerzhaft, dass er nur unter Narkose erfolgen konnte.

Da alle herkömmlichen Therapien fehlgeschlagen hatten, versuchten es die Ärzt:innen des Salisbury District Hospital in Wiltshire, Großbritannien, mit Mānukahonig-getränkten Verbänden, die durch Bestrahlung sterilisiert worden waren.

Die Wirkung war verblüffend. Dank seiner nichtperoxiden Eigenschaften bekämpfte der Mānukahonig effektiv die Infektion und förderte das Gewebewachstum. Nachdem zuvor in neun Monaten keinerlei Besserung aufgetreten war, heilten die Wunden nun innerhalb von neun Wochen vollständig ab. Der Patient konnte Prothesen tragen und wieder lernen zu laufen.

Zwar ist Mānukahonig auch im Supermarkt erhältlich, doch wurde für diese Behandlung ein spezieller, medizinisch wirksamer Honig verwendet. Dieser Fall ist ein weiterer Beweis dafür, welche Heilungserfolge mit Mānukahonig erzielt werden können.

Mānukahonig tötet Bakterien ab, die Magenkrebs verursachen können.

Forschende fanden heraus, dass Mānukahonig *Helicobacter pylori* bekämpft, ein Bakterium, das im Magen gedeiht und dort Entzündungen auslösen kann. Ungefähr 44 Prozent aller Menschen sind mit *H. pylori* infiziert.

Indem *H. plyori* die Magenschleimhaut angreift, verursacht es Reizungen und Entzündungen, aus denen sich mitunter Magengeschwüre und Gastritis entwickeln, die wiederum zu Magenkrebs führen können.

Dr. Fiona Radcliff von der University of Auckland untersuchte in zwei Studien die Wirkung von Mānukahonig auf *H. pylori* und stellte fest, dass dieser Honig das Bakterium effektiv zerstörte. Je höher dabei die antibakteriellen Eigenschaften des Honigs waren, desto stärker entfaltete sich seine Wirksamkeit.

Professor Thomas Henle von der Technischen Universität Dresden fand heraus, dass Mānukahonig das Enzym Urease hemmt, das *H. pylori* ermöglicht, im Magen zu überleben, indem es Ammoniak erzeugt. Dieses Ammoniak schützt *H. pylori* vor der Magensäure. Je höher der MGO-Gehalt des Honigs war, desto größer fiel seine entzündungshemmende Wirkung aus.

Diese Entdeckung könnte Leben retten, erklärt Professor Henle: »Patienten mit einer hohen Konzentration an *H. pylori*-Bakterien im Magen müssen behandelt werden. Üblicherweise erfolgt dies durch eine komplizierte Antibiotikatherapie. Leider tritt aber immer häufiger eine Resistenz gegen Antibiotika auf.« Die Kombination bisheriger Behandlungsmethoden mit natürlichen Produkten wie Mānukahonig könnte daher erfreuliche Ergebnisse erzielen.

Durch weitere Untersuchungen kam heraus, dass nur Mānukahonig die antibakterielle Konzentrationsstärke besitzt, um das Wachstum von *H. pylori* zu hemmen – normale Honigsorten sind dazu nicht imstande. Laut einer im *Journal of the Royal Society of Medicine* veröffentlichten Studie hemmte eine Lösung aus Mānukahonig und Wasser mit Honigkonzentrationen von 2,5 Prozent Volumen pro Volumen (v/v) das Wachstum von *H. pylori* teilweise, während die Lösung mit Honigkonzentrationen von fünf Prozent (v/v) es vollständig verhinderte. Andererseits zeigten Nichtmānukahonig und eine künstlich hergestellte Lösung, die die physikalischen Eigenschaften von Honig nachahmte, keinerlei Wirkung auf das Wachstum von *H. pylori*. Professor Henle fand außerdem heraus, dass anderer als Mānukahonig das Enzym Urease in keiner Weise beeinflusste.

Mānukahonig und trockene Augen

Die Ophthalmologieprofessorin Jennifer Craig hat sich in der Abteilung für Augenheilkunde an der University of Auckland auf Beschwerden des trockenen Auges spezialisiert. Sie untersuchte die Wirkung von Mānukahonig auf entzündete Augenlider. Diese häufige Erkrankung verursacht Symptome wie Rötung, Schwellung und Reizung. »Trockene Augen sind ein chronisches Problem, das zu unangenehmen Empfindungen und zu Sehstörungen führen kann«, erläutert Professorin Craig. Auf der Suche nach einem Mittel, das eine Alternative zu Antibiotika und Steroiden darstellen könnte, probierte sie Mānukahonig aus. »Bei anteriorer Blepharitis [eine Entzündung der Wimpern und Lidränder] hat man es eher mit einer großen Bakterienlast als mit einer echten Infektion zu tun. Die sich daraus ergebende Entzündung resultiert daraus, dass an den Lidern zu viele Bakterien sitzen. Man muss die Bakterien nicht vollständig loswerden, sondern nur ihre Menge reduzieren. Das würde schon genügen, um Reizungen und Rötungen zu vermeiden. Die Idee war nun, die entzündungshemmenden und antimikrobiellen Eigenschaften von Honig zu nutzen, um die mit einer anterioren Blepharitis einhergehende Trockenheit des Auges zu lindern.«

Professorin Craig kannte Patienten, die Honig aus dem Glas direkt auf ihre Augenlider auftrugen. Das war zwar hilfreich, aber auch furchtbar klebrig und wird daher nicht empfohlen. Gemeinsam mit einem Team von Forschenden entwickelte sie eine Augencreme, die eine Mānukahonig-Emulsion (MHME) enthielt, und führte dann eine klinische Studie durch, um die Wirksamkeit zu ermitteln. Drei Monate lang trugen 53 Probanden diese Creme abends auf die geschlossenen Augenlider auf.

Die Studie brachte positive Ergebnisse. Die Augencreme verbesserte nachweislich die Symptomatik der Augenoberfläche, stabilisierte den Tränenfilm und steigerte die Dicke der Lipidschicht. Gleichzeitig verminderte sie Lidrandreizungen, den Befall mit Haarbalgmilben und die Bakterienlast. Zwar muss noch weiter geforscht werden, bevor das fertige Produkt die Marktreife erlangt, doch sieht es ganz so aus, als ob Craigs Studien dazu beitragen, dass sich Mānukahonig als Zutat für Medikamente gegen lästige Augenerkrankungen wie trockene Augen etablieren wird.

Dank wissenschaftlicher Forschungen wissen wir inzwischen, dass die bemerkenswerte Heilkraft von Mānukahonig auf seinem Gehalt an Methylglyoxal (MGO) beruht. Forschende der Universität Dresden verglichen in einem Test Proben von neuseeländischem Mānukahonig mit 50 im Handel erhältlichen Honigsorten und stellten fest, dass der MGO-Gehalt von Mānukahonig bis zu 100-mal höher ist als der anderer Honigsorten. Außerdem wiesen sie nach, dass Mānukahonig bakterielles Wachstum hemmt, was sich ebenfalls auf MGO zurückführen lässt.

Der unten abgebildete Objektträger wurde von der Universität Dresden zur Verfügung gestellt. Er zeigt die Ergebnisse eines Agardiffusionstests gegen das Bakterium *Staphylococcus aureus*. Forschende gaben dieselbe Menge an reinem MGO, die in einer 20-prozentigen Lösung von aktivem Mānukahonig enthalten ist, zu einer 20-prozentigen Lösung von inaktivem Waldhonig*. Die blauen Ringe um die zentralen Löcher zeigen die antibakterielle Aktivität an. Der inaktive Waldhonig wies bei einer 20-prozentigen Konzentration (Probe 3) keine antibakterielle Aktivität auf. Die 20-prozentige Mānukahonigprobe (Probe 2) und die inaktive, mit 1,9 mM (millimolar) MGO versetzte Waldhonigprobe (Probe 4) waren dagegen antibakteriell aktiv.

1. MGO 1,9 mM ohne Zugabe von Wald- oder Mānukahonig

2. 20-prozentige Lösung von aktivem Mānukahonig

3. 20-prozentige Lösung von inaktivem Waldhonig ohne Zugabe von MGO

4. 20-prozentige Lösung von inaktivem Waldhonig, mit 1,9 mM MGO versetzt

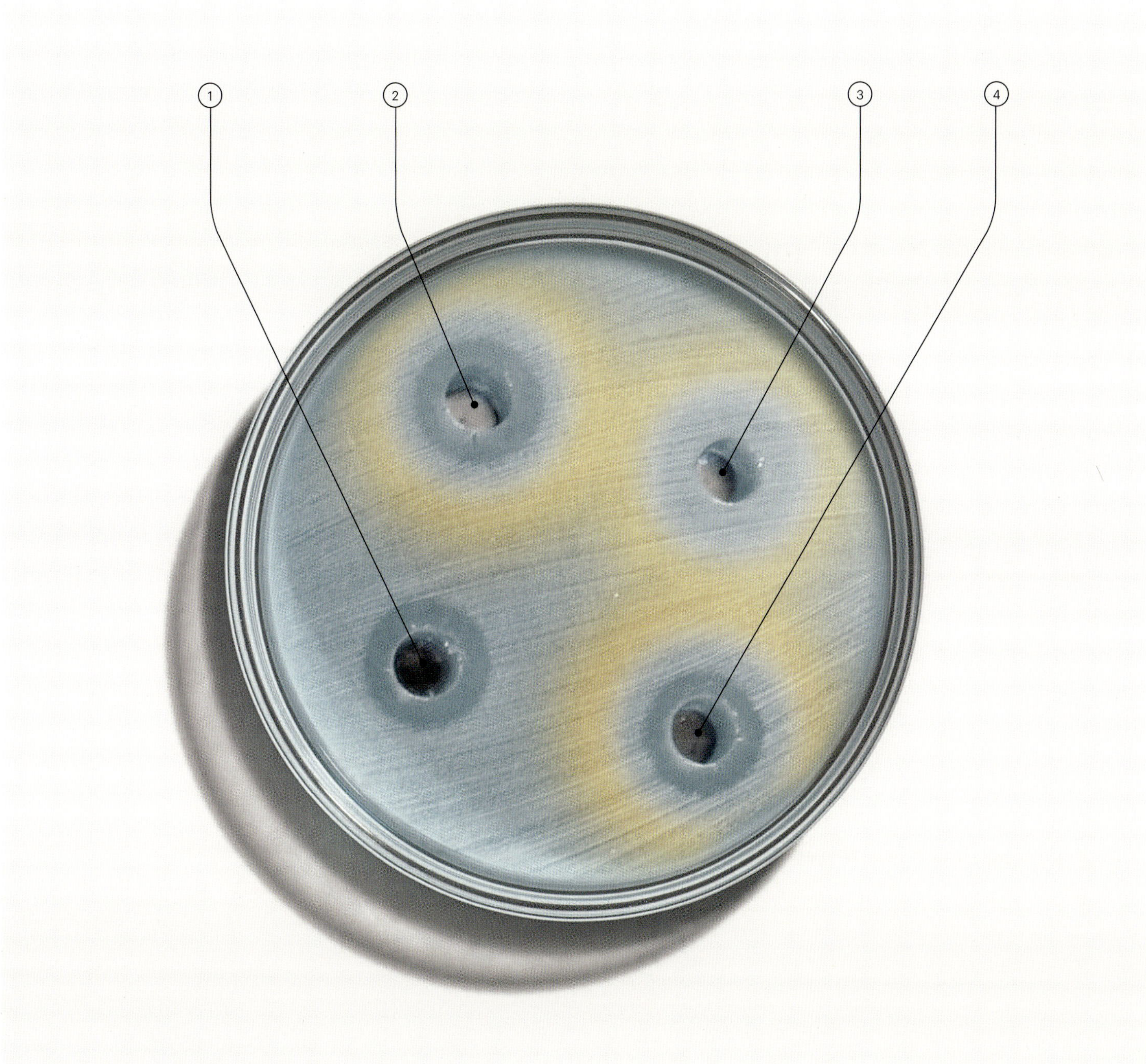

* Eine Lösung aus 20 Prozent Honig und 80 Prozent Lösungsmittel wie beispielsweise destilliertes Wasser.

Die Honigbiene und der Mensch

Honigbienenprodukte können innerlich und äußerlich als Heilmittel angewendet werden, da Honig wirksame entzündungshemmende, antivirale und antibakterielle Eigenschaften besitzt. Hier führen wir einige Anwendungsmöglichkeiten für Honig und andere Bienenprodukte auf.

Haar: Eine Spülung aus Honig und Wasser wird traditionell angewendet, um glänzendes, gesundes Haar zu erhalten.

Kopf: Gelée Royale enthält 10-Hydroxy-2-decensäure (10-HDA), eine aktive Komponente, die bei der Behandlung mancher Krebsarten unterstützen könnte.

Gesicht: Honig enthaltende Hautpflegeprodukte bekämpfen freie Radikale und regen die Kollagenproduktion an, während Propolis die Hautbarriere stärkt und die Haut glatter und fester macht.

Augen: Einer Augencreme zugegebener Mänukahonig scheint ein vielversprechendes Mittel gegen Entzündungen der Augenlider zu sein.

Nase: Vorläufige Studien lassen darauf schließen, dass Propolis das Immunsystem unterstützt und Entzündungen lindert, damit also Erkältungen bekämpft und die Abwehrkräfte stärkt.

Lippen: Bienenwachs macht Lippen geschmeidig und versiegelt Feuchtigkeit, sodass es die Lippen vor dem Austrocknen schützt.

Mund: Eine Paste aus Honig und Holzkohle reinigt die Zähne und bekämpft Mundgeruch. Propolis soll die Mundhygiene fördern und ist in manchen Mundwassern und Zahnpasten enthalten.

Hals: Honig ist ein bewährtes Mittel gegen Entzündungen der oberen Atemwege, die Nase, Kehle, Stimmbänder und Bronchien befallen. Er kann Hustenreiz lindern.

Brust: Honig ist reich an Antioxidantien, die Zellen stärken und Diabetes Typ 2, Herzkrankheiten und vorzeitigem Altern vorbeugen können. Gesichtsdampfbäder mit in Wasser gekochten Mänukablättern weiten die Atemwege.

Lunge: Studien zufolge unterstützt Mänukahonig nachweislich die Antibiotikabehandlung von Infektionen mit *Mycobacterium abscessus*.

Haut: Vorstudien weisen darauf hin, dass Mänukahonig Staphylokokkeninfektionen vorbeugen und heilen kann.

Magen: Mänukahonig hemmt das Wachstum von *Heliobacter pylori*. Die Bakterien können Magengeschwüre verursachen.

Bein: In Honig getränkte Verbände unterstützen die Heilung von offenen Wunden und Brandwunden, indem sie Bakterien bekämpfen und das Gewebewachstum fördern.

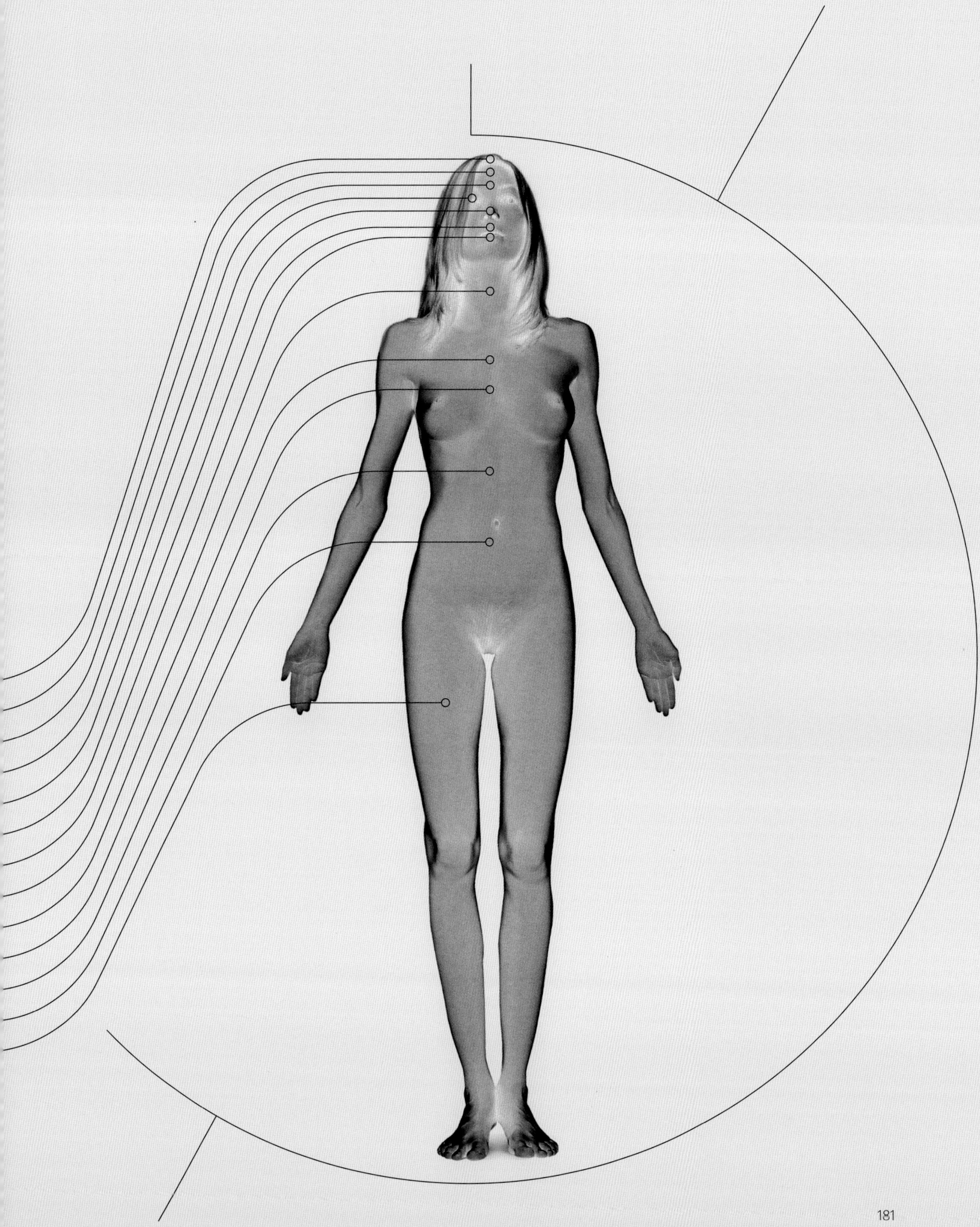

Epilog

Nick Worthington

Unsere Kenntnis der Natur steckt noch in den Kinderschuhen.

Die Art und Weise, in der Bienen Blüten sehen, die symbiotische Beziehung zwischen Bienen und Pflanzen, die das Überleben beider Organismengruppen sichert – es gibt so viel, das wir von der Natur lernen können. Wir müssen uns nur die Zeit nehmen, sie aus verschiedenen Perspektiven zu betrachten.

In diesem Buch haben wir uns mit dem ultravioletten Lichtspektrum und den Arbeiten von Craig P. Burrows befasst, der uns eine Welt entdecken lässt, die unseren Augen bislang verborgen geblieben war. Und mit den wissenschaftlichen Erkenntnissen, die belegen, dass Bienen ein System entwickelt haben, das unser Verständnis übersteigt und die Wissenschaft in Erklärungsnot bringt. Es ist ein System, in dem perfekte Gesundheit existieren kann und das Langlebigkeit und Widerstandskraft gegen Krankheiten bietet.

Ein System, das uns ebenfalls zugutekommen könnte.

Unsere Weltsicht ist wohl allzu eindimensional, denn wir erblicken die Welt durch die einfachen Linsen unserer Augen. Doch allmählich beginnen wir zu verstehen, wie viel mehr es in der Natur zu entdecken und zu lernen gibt.

Jetzt aber wissen wir, dass wir die Welt auch sozusagen in einem anderen Licht sehen können – eine Welt, die Gefahr läuft, ihre Biodiversität in atemberaubendem Tempo einzubüßen. Verantwortlich dafür ist der Mensch und seine Ausbreitung über den Planeten.

Dadurch könnten wir alle zu den Verlieren zählen.

Wir stehen vor unglaublichen Entdeckungen und am Beginn einer vollkommen neuen Beziehung zur Natur – und gleichzeitig auch vor einer noch nie da gewesenen Naturkatastrophe.

Hoffen wir, dass diese Geschichte gut ausgeht und dass wir uns gerade nicht an ihrem Ende, sondern an ihrem Anfang befinden.

Register der Pflanzenarten

Sofern nicht anders angegeben, wurden alle in diesem Buch abgebildeten Pflanzen von Craig P. Burrows mit UVIVF-Fototechnik aufgenommen. Die wissenschaftlichen und – falls existenten – deutschen Namen der Pflanzen werden hier unten in der Reihenfolge ihres Erscheinens im Buchs aufgeführt.

*Bei den Kulturpflanzen kann es sich um Hybriden unbekannter Abstammung handeln.

Liste der Beitragenden

Die in diesem Buch zitierten Beitragenden werden in alphabetischer Reihenfolge ihrer Nachnamen aufgeführt.

Nikki Addison — Co-Autorin
Nikki Addison ist eine in Neuseeland lebende Autorin und Lektorin, deren Arbeiten in verschiedenen Zeitschriften erscheinen, darunter *MiNDFOOD*, *Good* und *Peppermint*. Sie engagiert sich leidenschaftlich für Umweltschutz und soziale Gerechtigkeit.

Amanda Bean — Doktorandin
Amanda Bean interessierte sich schon als Kind für Honig, auch weil die Bienen eines Freundes ihrer Familie Mānukahonig produzierten. Für ihre stipendiengeförderte Promotionsarbeit an der neuseeländischen University of Waikato untersuchte sie die entzündungshemmende Wirkung von Honig und erwirkte für auf dieser Forschung basierende Erkenntnisse ein Patent. Das wiederum regte sie zu einem Jurastudium an. Heute ist sie als Anwältin tätig.

Megan Bradley — Journalistin
Megan Bradley schreibt für *T: The New York Times Magazine* und ist Gründerin von Good Fun Communications, eine digitale Marketingagentur für nachhaltige Marken.

Craig P. Burrows — Fotograf
Craig P. Burrows ist Pflanzenfotograf und hat sich auf Fotografie mit alternativen Lichtquellen spezialisiert. Fast zehn Jahre lang fotografierte er Pflanzen mit UVIV-Fototechniken (ultraviolette und durch ultraviolettes Licht hervorgerufene Fluoreszenz) und enthüllte damit eine Welt, die für unser bloßes Auge unsichtbar bleibt. Seine Aufnahmen wurden bisher in *National Geographic*, *Cercle Magazine*, *Professional Photographer*, *Wired*, *Huffington Post*, *The Times*, *Spiegel* und zahlreichen anderen Zeitschriften abgedruckt. Sie wurden außerdem in Ausstellungen in Frankreich, Japan, den USA und den Niederlanden gezeigt. Burrows lebt in Kalifornien.

Dave Campbell — Imker
Der ausgebildete Tierarzt Dave Campbell wurde im Alter von 15 Jahren Imker, als er seine ersten Bienenkästen auf dem Gelände der familieneigenen Farm aufstellen durfte. Seither ist er mit seinen Bienen in die entlegensten Ecken Neuseelands gereist und gibt seine Kenntnisse an seine Kinder Kathryn und George weiter, die er in die Imkerkunst einweiht, seit sie vier Jahre alt sind.

Rhys Casley – Imkereimanager
Rhys Casley war Profisportler, Sportreporter und Pädagogikstudent, bevor er in die Honigindustrie einstieg, in der er mittlerweile als Imkereimanager arbeitet. Er ist fasziniert von der Welt der Honigbienen und von allem, was wir von ihnen über Organisation, Management und den Umgang mit der Natur lernen können.

Mike Clearwater — Außerordentlicher Professor an der University of Waikato
Mike Clearwater ist Pflanzenphysiologe mit Schwerpunkt auf Flüssigkeitsströmen in Pflanzen. Er erzielte B.A.- und M.A.-Abschlüsse an der University of Auckland in Neuseeland und promovierte an der University of Edinburgh in Schottland. Derzeit ist Clearwater Team Leader für Ökologie, Biodiversität und Tierverhalten an der School of Science der University of Waikato, Neuseeland. Er forscht über die Biologie der Mānukapflanze, ihr Blühverhalten und ihre Nektarproduktion.

Síana Clifford — Interviewerin, Forscherin und Co-Autorin
Síana Clifford ist freiberufliche Autorin und Lektorin, die für zahlreiche neuseeländische und internationale Publikationen schreibt. Sie interessiert sich sowohl privat als auch beruflich für Lebensmittel und arbeitet an einem Projekt, bei dem es um Honig und Honigbienen geht.

Dr. Jonathan Cox — Außerordentlicher Professor für Mikrobiologie
Dr. Jonathan Cox ist Dozent für Mikrobiologie an der School of Biosciences der Aston University in Großbritannien und Direktor der mikrobakteriellen Forschungsgruppe dieser Universität. Er forscht zur Physiologie pathogener Mikrobakterien, um neue Behandlungsmethoden für Infektionen zu entwickeln. In diesem Rahmen untersucht er auch die antibakterielle Wirkung von Mānukahonig.

Prof. Jennifer P. Craig — Professorin für Ophthalmologie
Jennifer P. Craig hat über den Tränenfilm im gesunden und im trockenen Auge promoviert und forscht über die Augenoberfläche, das trockene Auge und Tränenfilmdisfunktionen. Sie ist Optometristin am Departement der Ophthalmologie der University of Auckland, Neuseeland, und leitet dort das Augenoberflächenlabor.

Dr. Olivier Gasser — Immunologe
Dr. Oliver Gasser ist Group Leader des Malaghan Institute of Medical Research's Grasser Laboratory, ein biomedizinisches Forschungsinstitut in Wellington, Neuseeland, das die Zusammenhänge zwischen Ernährung, Umwelt und Immunsystem untersucht. Er hat an der Universität von Basel in biomedizinischer Forschung promoviert.

Prof. Dr. Thomas Henle - Lebensmittelchemiker
Thomas Henle ist Professor für Lebensmittelchemie an der TU Dresden. Er und sein Team identifizierten als Erste Methylglyoxal (MGO) als Schlüsselfaktor für die antibakterielle Wirkung von Mānukahonig. Er ist Mitglied im Wissenschaftlichen Beirat des Milchindustrieverbands (MIV) und war Dekan der Fakultät für Chemie und Lebensmittelchemie.

Dr. Katherine Holt — Palynologin
Dr. Katherine Holt ist Palynologin und Dozentin für Geowissenschaften an der Massey University, Neuseeland. Zu ihren Forschungsgebieten zählen fossiler Pollen und die Analyse von Flugpollen sowie die Untersuchung von automatisierten palynologischen Systemen. Außerdem nimmt sie kommerzielle Analysen von Pollen aus Honigproben vor, die Imkern und Honighändlern helfen, die Qualität ihrer Produkte zu kontrollieren.

Heike Krüger — ehemalige Krankenschwester und Gesundheitsberaterin
Die gelernte Krankenschwester Heike Krüger kennt Bienen von klein auf, da ihr Vater Imker war. Sie wechselte in die Werbebranche über und berät seit 14 Jahren über die Möglichkeiten der inneren und äußerlichen Anwendung von Mānukahonig.

Dr. Oleksiy Losyev — Technischer Imkereikoordinator und Bienenexperte
Dr. Oleksiy Losyev beschäftigt sich seit über 23 Jahren mit Imkerei und verfasste zahlreiche wissenschaftliche Publikationen. Außerdem gestaltete er Ausbildungsprogramme für Imkereistudenten. Er promovierte an der Nationalen Landwirtschaftlichen Universität in Kiew und arbeitet derzeit als Technischer Imkereikoordinator in Neuseeland, wo er kommerzielle Imker berät sowie die Entwicklung von genetischen Bienenzuchtprogrammen plant.

Brian McCall — Imker
Brian McCall begann sich vor 25 Jahren in Kanada für die Imkerei zu interessieren. Von da an sammelte er Erfahrungen in der Königinnenzucht, der Bestäubung und Honigproduktion auf Hobby- bis professionellem Niveau. Inzwischen lebt er in Neuseeland und begeistert sich für die saisonalen Herausforderungen und das lebenslange Lernen, die die Imkerei mit sich bringt.

Rob McGowan — Rongoā-Maori-Heiler
Rob McGowan ist einer der anerkanntesten neuseeländischen Experten für Rongoā-Heilkunst (traditionelle Maori-Medizin) und das traditionelle Wissen über einheimische Pflanzen. Vor seiner Pensionierung arbeitete er im New Zealand Departement of Conservation (DOC) Ngā Whenua Rāhui, das die einheimischen Ökosysteme auf Maori-Land schützt.

Dr. Peter Molan (1943–2015) — Professor für Biowissenschaften
Der weltbekannte Mānukahonigexperte Professor Peter Molan war der Gründer des Honey Research Unit an der University of Waikato, Neuseeland. Er entdeckte als Erster die Heilkraft des Mānukahonigs und seine Eignung als Mittel zur Wundbehandlung und wurde so zum Vater der Mānukahonigindustrie. Er begründete die Bewertung des Unique Mānuka Faktor (UMF), der die antibakterielle Wirkung von Mānukahonig misst.

Dr. David Pattemore — Ökologe und Bestäubungsexperte
Dr. David Pattemore ist Dozent an der School of Biological Sciences der University of Auckland, Neuseeland, und Leitender Wissenschaftler des neuseeländischen Plant & Food Research. Er forscht über die Dynamik der Bestäubungssysteme und beschäftigt sich in diesem Rahmen mit Blütenbiologie, Bestäuberbiologie und -verhalten sowie mit Ökologie.

Karan Patyal — Sommelier
Karan Patyal ist anerkannter Sommelier (Certified Sommelier with the Court of Master Sommeliers) und wurde vom Wine & Spirit Education Trust mit einem Level 3 Award ausgezeichnet. Er beschäftigt sich beruflich mit den Auswirkungen des Terroirs und begeisterte sich für Honigblindverkostung, die er ebenso sorgfältig durchführt wie Weinverkostungen. Derzeit ist er Sommelier bei The Northern Club in Auckland, Neuseeland. Er wurde zum New Zealand Junior Sommelier des Jahres 2021 ernannt.

Dr. James Sainsbury — Biotechnologe
Dr. James Sainsbury promovierte über Molekularökologie und ist Wissenschaftlicher Leiter der Bee Biology & Pruductivity Group von Plant & Food Research, Neuseeland. Derzeit forscht er über Haltung und Krankheiten von Honigbienen mit besonderer Berücksichtigung der Bekämpfung von Varroamilben sowie der Vorbereitung von Bienen auf effektives Pollensammeln.

Dr. Kannan Subramanian — Biotechnologe
Dr. Kannan Subramanian ist ein auf Proteinchemie spezialisierter Biotechnologe, der sich für das begeistert, was wir von der Natur lernen können. Derzeit leitet er Forschungsprojekte der Honigindustrie, mit einem Schwerpunkt auf Bienen und die Heilwirkung von Honig. Er machte an der Anna University von Chenai, Indien, seinen BTech und promovierte an der University of Canterbury, Neuseeland, in Bioverfahrenstechnik.

Snow Tane — Te Roroa Iwi | Te Iwi o Te Roroa
Snow Tane ist General Manager von Te Roroa Development Group, einer Institution zur Förderung der Maori in der neuseeländischen Region Northland. In Zusammenarbeit mit dort lebenden Maori plant er Projekte zum Schutz der natürlichen Ressourcen und zur kulturellen, ökologischen, wirtschaftlichen und sozialen Förderung der Maori.

Dr. Michelle Taylor — Honigbienenforscherin
Die Expertin für Honigbienen und Hummeln arbeitet bei Plant & Food Research, Neuseeland, und forscht über die Varroamilbe. Sie trug wesentlich zu einem Fortbildungsprogramm und der Durchführung von Maßnahmen gegen die Milbe bei. Außerdem unterstützte sie entsprechende Programme in Australien. Schwerpunktmäßig befasst sie sich mit der Gesundheit der Honigbienen, um die Produktivität der Bienenstöcke zu steigern und die Bestäubung sicherzustellen.

Nick Worthington — Co-Autor
Nick Worthington ist Autor und Gründer von The Tuesday Club, einem kreativen Kollektiv in Auckland, Neuseeland. Nach langjähriger Tätigkeit als Werbetexter wandte er sich dem Verfassen ökologischer Themen zu.

Wir danken außerdem den folgenden Interviewpartner:innen für ihre freundliche Unterstützung:

Dr. Owen Catchpole — Chefingenieur, Biotechnologies Group, Callaghan Innovation, Neuseeland;

Michelle Cubitt — Beraterin für Qualitätsstandards in der Biolebensmittelindustrie;

Dr. Megan Grainger — Hochschullehrerin für Analytische Chemie und Umweltchemie, University of Waikato, Neuseeland;

Dr. Linda S. Guttierez — Professorin für Biologie, Wilkes University, Pennsylvania, USA;

Dr. John van Klink — Wissenschaftler, Plant & Food Research, University of Otago, Neuseeland;

Dr. Darina Lazarova — Außerordentliche Professorin für Molekularbiologie, Geisinger Commonwealth School of Medicine, Pennsylvania, USA;

Dr. Xun Li — Palynologe, GNS Science (Institut für Geologie und Nuklearforschung), Neuseeland;

Dr. Teresa Moreno — Leitende Ingenieurin, Biotechnologies Group, Callaghan Innovation, Neuseeland;

Dr. Shanthi G. Parkar — Hochschullehrerin, Seed Health, California, USA;

Dr. Karyne Rogers — Leitende Ökologin, GNS Science (Institut für Geologie und Nuklearforschung), Neuseeland.

Quellenverzeichnis

DAS GESCHENK DES LEBENS

BBC Future. "What would happen if bees went extinct?" www.bbc.com/future/article/20140502-what-if-bees-went-extinct.

Michigan State University. "Why are bees important?" www.canr.msu.edu/nativeplants/pollination.

U.S. Department of Agriculture. "The Importance of Pollinators." www.usda.gov/peoples-garden/pollinators.

Mit den Augen einer Biene

Bee Culture. "Bees See Matters." www.beeculture.com/bees-see-matters.

Discovery Eye. "32 facts about animal eyes." https://discoveryeye.org/32-facts-about-animal-eyes.

Science Learn. "The electromagnetic spectrum." www.sciencelearn.org.nz/image_maps/63-the-electromagnetic-spectrum.

Stuff.co.nz. "How bees use their unique vision to search for food." www.stuff.co.nz/life-style/homed/plan-bee/95870521/how-bees-use-their-unique-vision-to-search-for-food-and-find-their-way-home.

Die Sexarbeiterinnen der Natur

BBC News. "Global map of bees created in conservation first." 2020. www.bbc.com/news/science-environment-55006902.

Leafy Place. "Types of Bees and How to Identify Them." https://leafyplace.com/types-of-bees/.

MyBeeLine. "7 most common bee species." 2017. www.mybeeline.co/en/p/7-most-common-bee-species.

Das Leben im Bienenstock

Bee Health. "Wooden components of a modern beehive." https://bee-health.extension.org/wooden-components-of-a-modern-bee-hive.

Farrar, C. L. "The Life of The Honey Bee, Its Biology and Behavior with an Introduction to Managing the Honey-Bee Colony." *American Bee Journal* (1967). https://cals.arizona.edu/ pubs/insects/ahb/inf27.html.

Manchester & District Beekeepers' Association. "Bee Information." www.mdbka.com/bee-information.

Sciencing. "What is the life span of a honeybee?" 2018. https://sciencing.com/life-span-honey-bee-6573678.html.

World Health Organization. "GHE: Life expectancy and healthy life expectancy." 2019. www.who.int/data/gho/data/themes/mortality-and-global-health-estimates/ghe-life-expectancy-and-healthy-life-expectancy.

Mehr Bienen, bitte

BBC Bitesized. "Flowers and pollination." www.bbc.co.uk/bitesize/topics/zybbkqt/articles/zgwb3j6.

Science Learn. "Pollination and fertilisation." www.sciencelearn.org.nz/resources/77-pollination-and-fertilisation.

Feinde, Parasiten und andere Schädlinge: Probleme und Gefährdung unserer kostbaren Bestäuber

BBC News. "US approves world's first vaccine for declining honey bees." 2023. www.bbc.com/news/world-us-canada-64180181.

Farmers Weekly. "Bee vaccine welcomed — with caution." 2023. www.farmersweekly.co.nz/technology/bee-vaccine-welcomed-with-caution.

LearnBees. "What Eats Bees?" 2022. https://learnbees.com/what-eats-bees.

Ministry for Primary Industries. "Bee pests and diseases." www.mpi.govt.nz/biosecurity/how-to-find-report-and-prevent-pests-and-diseases/bee-biosecurity/bee-pests-and-diseases.

Oxford English Dictionary. "Ecosystem." oed.com.

Sciencing. "What Are Some Predators of the Honeybee?" 2019. https://sciencing.com/predators-honeybee-8151103.html.

Wikipedia. "Small hive beetle." https://en.wikipedia.org/wiki/Small_hive_beetle.

SCHUTZSCHILD VOR KRANKHEITEN

Der Zusammenbruch der Völker

c&en. "Air pollution hurts honeybees." 2020. https://cen.acs.org/environment/pollution/Air-pollution-hurts-honeybees/98/web/2020/08.

FoodPrint. "How Industrial Agriculture Affects Our Soil." 2023. https://foodprint.org/issues/how-industrial-agriculture-affects-our-soil/.

Irish Times. "Pesticides detected in Irish pollen and nectar may pose long-term hazard for bees." 2023. www.irishtimes.com/environment/2023/04/06/pesticides-detected-in-irish-pollen-and-nectar-may-pose-long-term-hazard-for-bees/.

Scientific American. "Honeybees and Monoculture: Nothing to Dance About." 2013. https://blogs.scientificamerican.com/guest-blog/honey-bees-and-monoculture-nothing-to-dance-about/.

UN Environment Programme. "Why bees are essential to people and planet." 2022. www.unep.org/news-and-stories/story/why-bees-are-essential-people-and-planet.

Eine Welt ohne Bienen

BBC Future. "What would happen if bees went extinct?" www.bbc.com/future/article/20140502-what-if-bees-went-extinct.

Michigan State University. "Why are bees important?" www.canr.msu.edu/nativeplants/pollination.

U.S. Department of Agriculture. "The Importance of Pollinators." www.usda.gov/peoples-garden/pollinators.

Nektar, der Göttertrank

Apiarist's Advocate. "Pollen — Diamond of the Plant World." 2021. www.apiaristsadvocate.com/post/pollen-diamond-of-the-plant-world.

BBC Future. "The food that could last 2,000 years." 2020. www.bbc.com/future/article/20200330-which-foods-are-best-to-eat-after-the-apocalypse.

Bee Culture. "Royal jelly — a worker bee produced, protein rich, mother's milk." 2017. www.beeculture.com/royal-jelly-worker-bee-produced-protein-rich-mothers-milk.

Bogdanov, Stefan. "Beeswax: History, Uses, Trade." *Online Beeswax Book*, 2 (2016). www.researchgate.net/publication/304012171_Beeswax_History_Uses_Trade.

Bond, Jennifer K. *et al.* "Honey Bees on the Move: From Pollination to Honey Production and Back." *Economic Research Service*, no. 290 (2021). www.ers.usda.gov/webdocs/publications/101476/err-290-honey%20bees%20on%20the%20move_summary.pdf?v=7804.6.

The Jerusalem Post. "Land of Milk and Honey It Is." 2007. www.jpost.com/israel/land-of-milk-and-honey-it-is.

Klatt, Björn K. *et al.* "Bee pollination improves crop quality, shelf life and commercial value." *Biological Sciences* 281, no. 1775 (2014). https://royalsocietypublishing.org/doi/full/10.1098/rspb.2013.2440.

Kvavadze, Eliso. *et al.* "The first find in southern Georgia of fossil honey from the Bronze Age, based on palynological data." *Vegetation History and Archaeobotany* 16, 399—404 (2007). https://link.springer.com/article/10.1007/s00334-006-0067-5.

LiverTox: Clinical and Research Information on Drug-Induced Liver Injury. "Bee Products: Beeswax, Bee Pollen, Propolis." 2012. www.ncbi.nlm.nih.gov/books/NBK580275.

New Zealand Honey Co. "5 Useful Bee Products (That Aren't Honey)." 2022. https://newzealandhoneyco.com/blogs/honey-articles/5-useful-bee-products.

Planet Bee Foundation. "History of Bees." 2021. www.planet-bee.org/planet-bee-blog/history-of-bees.

ReptileCity. "The Myth Of Crocodile Dung As Ancient Egyptian Contraception." 2022. https://reptilecity.com/the-myth-of-crocodile-dung-as-ancient-egyptian-contraception.

Scoop Business. "Our History With Bee Pollen." 2021. www.scoop.co.nz/stories/BU2111/S00024/our-history-with-bee-pollen.htm.

ThoughtCo. "History of the Human Management of Honeybees." 2019. www.thoughtco.com/history-honey-bees-and-human-management-171271.

U.S. Food and Drug Administration. "Helping Agriculture's Helpful Honey Bees." 2018. www.fda.gov/animal-veterinary/animal-health-literacy/helping-agricultures-helpful-honey-bees.

Der Waldheiler

Buys, Matt H. *et al.* "The phylogenomics of diversification on an island: applying anchored hybrid enrichment to New Zealand *Leptospermum scoparium* (Myrtaceae)." *Botanical Journal of the Linnean Society* 191 (2019). https://academic.oup.com/botlinnean/article-abstract/191/1/1/5545649?redirectedFrom=fulltext.

Ngā Rauropi Whakaoranga."*Leptospermum scoparium*. Mānuka. Kahikatoa." https://rauropiwhakaoranga.land careresearch.co.nz/names/34969a5f-698d-437d-8a84-c71dd21351a5.

TeAra. "Story: Rongoā — medicinal use of plants." https://teara.govt.nz/en/rongoa-medicinal-use-of-plants.

Te Papa. "New Zealand's native bees' quiet lives of desperation." https://blog.tepapa.govt.nz/2021/02/01/new-zealands-native-bees-quiet-lives-of-desperation/?cn-reloaded=1.

U.S. Department of Agriculture. "How many species of native bees are in the United States?" www.usgs.gov/faqs/how-many-species-native-bees-are-united-states.

Die Mānukapflanze: Heilkraft aus der Natur

Buys, Matt H. *et al.* "The phylogenomics of diversification on an island: applying anchored hybrid enrichment to New Zealand *Leptospermum scoparium* (Myrtaceae)." *Botanical Journal of the Linnean Society* 191 (2019). https://academic.oup.com/botlinnean/article-abstract/191/1/1/5545649?redirectedFrom=fulltext.

Dunford, C. *et al.* "Using honey as a dressing for infected skin lesions." *Nursing Times* 96 (2000). https://pubmed.ncbi.nlm.nih.gov/10827727.

Global News Wire. "Manuka Honey Market Worth USD 1,032.73 million by 2028 at 7.78% CAGR — Report by Market Research Future (MRFR)." 2023. www.globenewswire.com/news-release/2023/03/01/2618480/0/en/Manuka-Honey-Market-Worth-USD-1-032-73-million-by-2028-at-7-78-CAGR-Report-by-Market-Research-Future-MRFR.html#:~:text=Accessibility%3A%20Skip%20TopNav-,Manuka%20Honey%20Market%20Worth%20USD%201%2C032.73%20million,at%207.78%25%20CAGR.

The Insight Partners. "Manuka Honey Market Size & Share Revenue Analysis 2028." 2021. www.theinsightpartners.com/reports/manuka-honey-market.

New Zealand Herald. "Honey challenge dismissed." www.nzherald.co.nz/nz/honey-challenge-dismissed/OZGHDSCMATSUSOZXHJRBZHHZB4

Shan, Yaso. "Medicinal honey in clinical practice: viable alter native or useful adjunct in wound care management?" *British Journal of Nursing* 28, no. 12 (2019). www.britishjournalofnursing.com/content/antimicrobials/medicinal-honey-in-clinical-practice-viable-alternative-or-useful-adjunct-in-wound-care-management/.

TeAra. "Māori arrival and settlement." https://teara.govt.nz/en/history/page-1#:~:text=The%20date%20of%20first%20settlement,between%201250%20and%201300%20AD.

Bestäuberpopulationen

Te Papa. "New Zealand's native bees' quiet lives of desperation. https://blog.tepapa.govt.nz/2021/02/01/new-zealands-native-bees-quiet-lives-of-desperation/?cn-reloaded=1.

U.S. Department of Agriculture. "How many species of native bees are in the United States?" www.usgs.gov/faqs/how=many-species-native-bees-are-united-states.

Das Land, in dem Milch und Honig fließen

Biology. "Can humans survive without consuming life?" https://biology.stackexchange.com/questions/20657/can-humans-survive-without-consuming-life.

Oxford English Dictionary. "Food." oed.com.

DAS STREBEN NACH UNSTERBLICHKEIT

Welche Folgen es für uns hat

Abuelgasim, H. *et al.* "Effectiveness of honey for symptomatic relief in upper respiratory tract infections: a systematic review and meta-analysis." *BMJ Evidence-Based Medicine* 26 (2021). https://ebm.bmj.com/content/26/2/57.

Akçay, Ç. *et al.* "Durability of wood treated with propolis." *BioRes* 15, no. 1 (2020). https://bioresources.cnr.ncsu.edu/resources/durability-of-wood-treated-with-propolis.

Akkaya, Ayşenur. *et al.* "Past, Present and Tomorrow of Baklava." *International Rural Tourism and Development Journal* 1, no. 1 (2017). www.researchgate.net/publication/324107511_Past_Present_and_Tomorrow_of_Baklava.

Bogdanov, Stefan. "Beeswax: History, Uses and Trade." *Bee Product Science* (2016). www.researchgate.net/publication/304012171_Beeswax_History_Uses_Trade.

Bradley, Megan. "Honey, used for centuries to hydrate, is in demand once again." *New York Times*. 2022. www.nytimes.com/2022/02/09/t-magazine/honey-beauty-moisturizer-oil.html.

Gáspár, Róbert. *et al.* "Royal jelly and fertility." In *Bee Products and Their Applications in the Food and Pharmaceutical Industries*, edited by Dilek Boyacioglu, 201—219. Amsterdam: Academic Press, 2022. www.sciencedirect.com/science/article/pii/B9780323854009000034.

Gulf Times. "Tracing true origins of baklava, a flaky pastry." 2018. www.gulf-times.com/story/581068/Tracing-true-origins-of-baklava-a-flaky-pastry.

Hackney Nine. "Death & beauty: Victorian women paid a high price to look good." 2020. www.hackneynine.com/blogs/life-style/death-beauty-the-crazy-and-deadly-beauty-routines-victorian-women.

Han, Sang Mi. *et al.* "The beneficial effects of honeybee-venom serum on facial wrinkles in humans." *Clinical Interventions in Aging* 10 (2015). www.ncbi.nlm.nih.gov/pmc/articles/PMC4598227.

Herb & Hedgerow. "Honey — natural beauty throughout history." 2013. www.herbhedgerow.co.uk/honey-natural-beauty-throughout-history.

Kim, Seung Kyun. *et al*. "The effect on delayed onset muscle soreness recovery for ultrasound with bee venom." *Journal of Physical Therapy Science* 26, no. 9 (2014). www.jstage.jst.go.jp/article/jpts/26/9/26_jpts-2013-550/_article.

Krell, Rainer. "Royal Jelly." In *Value-added products from beekeeping*. Italy: FAO Agricultural Services Bulletin, Food and Agriculture Organization of the United Nations, 1996.

Kunugi H., Mohammed Ali A. "Royal Jelly and Its Components Promote Healthy Aging and Longevity: From Animal Models to Humans." *International Journal of Molecular Science* 20, no. 20 (2019). www.ncbi.nlm.nih.gov/pmc/articles/PMC6802361.

LiverTox: Clinical and Research Information on Drug-Induced Liver Injury. "Royal Jelly." 2012. www.ncbi.nlm.nih.gov/books/NBK580275.

New Zealand Honey Co. "5 Useful Bee Products (That Aren't Honey)." 2022. https://newzealandhoneyco.com/blogs/honey-articles/5-useful-bee-products.

Nitecka-Buchta, A. *et al*. "Myorelaxant effect of bee venom topical skin application in patients with RDC/TMD Ia and RDC/TMD Ib: a randomized, double blinded study." *BioMed Research International* (2014). www.hindawi.com/journals/bmri/2014/296053.

Oliver, Jamie. "Honey." www.jamieoliver.com/search/?s=honey.

Scoop. "Our History With Bee Pollen." 2021. www.scoop.co.nz/stories/BU2111/S00024/our-history-with-bee-pollen.htm.

The Ugly-Girl Papers Or, Hints for the Toilet. New York: Harper & Brothers, 1874, https://archive.org/details/uglygirlpapersor00powerich/mode/2up?q=charcoal+and+honey.

Zullkiflee, Nadzirah. *et al*. "Propolis: Its Role and Efficacy in Human Health and Diseases." *Molecules* 27, no. 18 (2022). www.ncbi.nlm.nih.gov/pmc/articles/PMC9504311.

Lebenselixier

BBC History. "Cleopatra." www.bbc.co.uk/history/historic_figures/cleopatra.shtml#:~:text=Cleopatra%20(c.,69%20BC%20%2D%2030%20BC).

Christianity UK. "Timeline of Jesus' life." www.christianity.org.uk/article/timeline-of-jesus-life.

Community, Durham University. "What is history?" https://community.dur.ac.uk/4schools.resources/History/Timeline.htm.

Drone Bee. "Drone Bee: The life of the Male Honey Bee." www.buzzaboutbees.net/dronebee.html.

Farrar, C. L. "The Life of The Honey Bee, Its Biology and Behavior with an Introduction to Managing the Honey-Bee Colony." *American Bee Journal* (1967). https://cals.arizona.edu/pubs/insects/ahb/inf27.html.

History. "Ancient Greece." www.history.com/topics/ancient-greece/ancient-greece.

NZ History. "European Discovery." https://nzhistory.govt.nz/keyword/european-discovery#:~:text=Biographies&text=The%20dutch%20explorer%20Abel%20Tasman%20is%20officially%20recognised%20as%20the,discover'%20New%20Zealand%20in%201642.

Royal Museums Greenwich. "Christopher Columbus." https://www.rmg.co.uk/stories/topics/christopher-columbus#:~:text=Explorer%20Christopher%20Columbus%20(1451%E2%80%931506,board%20his%20ship%20Santa%20Maria.

Rueppell, Olav. *et al*. "Biodemographic analysis of male honey bee mortality." *Aging Cell*, 4, no. 1 (2005). https://pubmed.ncbi.nlm.nih.gov/15659209.

World Health Organization. "GHE: Life expectancy and healthy life expectancy." www.who.int/data/gho/data/themes/mortality-and-global-health-estimates/ghe-life-expectancy-and-healthy-life-expectancy.

Mānukahonig als Heilmittel

Ahmed S., Othman, N. H. "Review of the medicinal effects of tualang honey and a comparison with manuka honey." *Malaysian Journal of Medical Science* 20, no. 3 (2013). www.ncbi.nlm.nih.gov/pmc/articles/PMC3743976.

Alam, F. *et al*. "Honey: a potential therapeutic agent for managing diabetic wounds." *Evidence-Based Complementary and Alternative Medicine* (2014). www.ncbi.nlm.nih.gov/pmc/articles/PMC4216698.

Al-Kafaween, Mohammad Abdulraheem. *et al*. "Antibacterial properties of selected Malaysian Tualang honey against *Pseudomonas aeruginosa* and *Streptococcus pyogenes*." *The Iranian Journal of Microbiology* 12, no. 6 (2020). https://pubmed.ncbi.nlm.nih.gov/33613911.

BBC News. "Manuka honey 'could help fight superbugs'." 2011. www.bbc.co.uk/news/health-13047332.

Blair, S. E. *et al*. "The unusual antibacterial activity of medical-grade Leptospermum honey: antibacterial spectrum, resistance and transcriptome analysis." *European Journal of Clinical Microbiology and Infectious Diseases* 28 (2009). https://link.springer.com/article/10.1007/s10096-009-0763-z.

Blair, Shona. *et al*. "Therapeutic Manuka Honey: No Longer So Alternative." *Frontiers in Microbiology* 7 (2016). www.frontiersin.org/articles/10.3389/fmicb.2016.00569/full.

French V. M. *et al*. "The antibacterial activity of honey against coagulase-negative staphylococci." *The Journal of Antimicrobial Chemotherapy* 56, no. 1 (2005). https://pubmed.ncbi.nlm.nih.gov/15941774.

Irish, J. *et al*. "The antibacterial activity of honey derived from Australian flora." *PLoS One* 28, no. 3 (2011). www.ncbi.nlm.nih.gov/pmc/articles/PMC3065476.

Kamaratos, A. V. *et al*. "Manuka honey-impregnated dressings in the treatment of neuropathic diabetic foot ulcers." *International Wound Journal* 11, no. 3 (2014). www.ncbi.nlm.nih.gov/pmc/articles/PMC7950714.

New Zealand Herald. "UK hospital uses manuka honey to fight superbug." 2006. www.nzherald.co.nz/nz/uk-hospital-uses-manuka-honey-to-fight-superbug/ZJUKAS26IRZXC2M5V5LZGBLO5U.

Waikato University. "Use of honey in wound care by medical professionals." www.academia.edu/2195550/Pdf_13_Use_of_honey_in_wound_care_by_medical_professionals.

Zullkiflee, Nadzirah. *et al*. "Propolis: Its Role and Efficacy in Human Health and Diseases." *Molecules* 27, no. 18 (2022). www.ncbi.nlm.nih.gov/pmc/articles/PMC9504311.

Wir wussten nicht warum, aber es funktionierte

Bean, Amanda. "Investigating the Anti-inflammatory Activity of Honey" (PhD thesis, University of Waikato, New Zealand, 2012). https://researchcommons.waikato.ac.nz/handle/10289/6218.

Bee Culture. "Royal jelly: a worker bee produced, protein rich, mother's milk." 2017. www.beeculture.com/royal-jelly-worker-bee-produced-protein-rich-mothers-milk.

The Grocer. "The great mānuka honey swindle?" 2014. www.thegrocer.co.uk/buying-and-supplying/the-great-manuka-honey-swindle/359035.article.

Healthline. "12 Potential Health Benefits of Royal Jelly." 2018. www.healthline.com/nutrition/royal-jelly#TOC_TITLE_HDR_7.

Kunugi, H., Mohammed Ali, A. "Royal Jelly and Its Components Promote Healthy Aging and Longevity: From Animal Models to Humans." *International Journal of Molecular Science* 20, no. 20 (2019). www.ncbi.nlm.nih.gov/pmc/articles/PMC6802361.

Mohammed Ali, A. *et al*. "Royal Jelly as an Intelligent Anti-Aging Agent — A Focus on Cognitive Aging and Alzheimer's Disease: A Review." *Antioxidants* 9, no. 10 (2020). www.mdpi.com/2076-3921/9/10/937.

National Honey Board. "Honey color and flavour." https://honey.com/newsroom/presskit/honey-color-and-flavor.

NZ Geo. "Gold Rush." 2018. www.nzgeo.com/stories/gold-rush/?fbclid=IwAR2ZH5178cHRSiXc5CVKLs9XUCLLLzZgdo6eco1KOmEoDstYWFrOXs6TaQ.

Patel, S., Cichello, S. "Mānuka honey: an emerging natural food with medicinal use." *Natural Products and Bioprospecting* 3, no. 4 (2013). www.ncbi.nlm.nih.gov/pmc/articles/PMC4131577.

Unique Mānuka Factor Honey Association (UMFHA). "What makes manuka honey so special?" www.umf.org.nz/nz-manuka-honey/what-makes-manuka-honey-special. U.S. Food & Drug Administration. "Wound dressing with mānuka honey." www.accessdata.fda.gov/scripts/cdrh/cfdocs/cfpmn/pmn.cfm?ID=K133729.

Die magische Zutat: MGO

Al Somal, N. *et al*. "Susceptibility of *Helicobacter pylori* to the antibacterial activity of manuka honey." *Journal of the Royal Society of Medicine* 87, no. 1 (1994). https://pubmed.ncbi.nlm.nih.gov/8308841.

Bean, Amanda. "Investigating the Anti-inflammatory Activity of Honey" (PhD thesis, University of Waikato, New Zealand, 2012). https://researchcommons.waikato.ac.nz/handle/10289/6218.

Craig, Jennifer. *et al*. "Randomized masked trial of the clinical efficacy of MGO Manuka Honey microemulsion eye cream for the treatment of blepharitis." *Ocular Surface* 18, no. 1 (2020). https://pubmed.ncbi.nlm.nih.gov/31759183/

Daily Echo. "Man of Courage." 2000. www.dailyecho.co.uk/news/5627812.man-of-courage.

Grainger, M. *et al*. "Kinetics of conversion of dihydroxyacetone to methylglyoxal in New Zealand mānuka honey: Part IV — Formation of HMF." *Food Chemistry* 232 (2017). https://doi.org/10.1016/j.foodchem.2017.04.066.

Harper's Bazaar. "How Manuka honey could soon be used to fight hospital infections." 2016. www.harpersbazaar.com/uk/guide/news/a38111/manuka-honey-fight-hospital-infections.

Henle, Thomas. *et al*. "Identification and quantification of methylglyoxal as the dominant antibacterial constituent of Manuka (*Leptospermum scoparium*) honeys from New Zealand." *Molecular Nutrition & Food Research* 52, no. 4 (2008). https://pubmed.ncbi.nlm.nih.gov/18210383.

Kapoor, Nupur. *et al*. "Manuka honey: A promising wound dressing material for the chronic nonhealing discharging wounds: A retrospective study." *National Journal of Maxillofacial Surgery* 12, no. 2 (2021). www.ncbi.nlm.nih.gov/pmc/articles/PMC8386265.

Lwaleed, Bashir A. "Diluted honey inhibits biofilm formation: potential application in urinary catheter management?" *Journal of Clinical Pathology* 70 (2017). https://jcp.bmj.com/content/70/2/140.

Rezaei, N. *et al*. "Comparison of Antioxidant and Anti-Inflammatory Effects of Honey and Spirulina platensis with Sulfasalazine and Mesalazine on Acetic Acid-Induced Ulcerative Colitis in Rats." *Galen Medical Journal* 8 (2019). www.gmj.ir/index.php/gmj/article/view/1095.

Swift, Simon. *et al*. "Enhanced Antibacterial Activity of MGOTM Manuka Honey complexed with a-cyclodextrin (Manuka Honey with CycloPower™)." *Functional Foods in Health and Disease* 4, no. 5 (2014). http://ffhdj.com/index.php/ffhd/article/view/13.

The Telegraph. "Manuka honey could fight off deadly infections in hospital equipment." 2016. www.telegraph.co.uk/science/2016/09/27/manuka-honey-could-fight-off-deadly-infections-in-hospital-equip.

Traynor, Kirsten S. "Manuka: the biography of an extraordinary honey." *Bees World* 92, no. 4 (2015). www.researchgate.net/publication/307802546_Manuka_the_biography_of_an_extraordinary_honey.

Unique Mānuka Factor Honey Association (UMFHA). "What makes manuka honey so special?" www.umf.org.nz/nz-manuka-honey/what-makes-manuka-honey-special.

University of Southampton. "Manuka honey curbs activity and growth of bacteria even at low dilutions." 2016. www.southampton.ac.uk/news/2016/09/honey-biofilms.page.

Zamani, F. *et al*. "Systematic review with meta-analysis: the worldwide prevalence of *Helicobacter pylori* infection." *Alimentary Pharmacology & Therapeutics* 47, no. 7 (2018). https://onlinelibrary.wiley.com/doi/10.1111/apt.14561.

Die Honigbiene und der Mensch

Bradley, Megan. "Honey, used for centuries to hydrate, is in demand once again." *New York Times*. 2022. www.nytimes.com/2022/02/09/t-magazine/honey-beauty-moisturizer-oil.html.

Craig, Jennifer. *et al*. "Randomized masked trial of the clinical efficacy of MGO Manuka Honey microemulsion eye cream for the treatment of blepharitis." *Ocular Surface* 18, no. 1 (2020). https://pubmed.ncbi.nlm.nih.gov/31759183.

French V. M. *et al*. "The antibacterial activity of honey against coagulase-negative staphylococci." *The Journal of Antimicrobial Chemotherapy* 56, no. 1 (2005). https://pubmed. ncbi.nlm.nih.gov/15941774.

Rezaei, N. *et al*. "Comparison of Antioxidant and Anti-Inflammatory Effects of Honey and Spirulina platensis with Sulfasalazine and Mesalazine on Acetic Acid-Induced Ulcerative Colitis in Rats." *Galen Medical Journal* 8 (2019). www.gmj.ir/index.php/gmj/article/view/1095.

Shan, Yaso. "Medicinal honey in clinical practice: viable alternative or useful adjunct in wound care management?" *British Journal of Nursing* 28, no. 12 (2019). www. britishjournalofnursing.com/content/antimicrobials/medicinal- honey-in-clinical-practice-viable-alternative-or-useful-adjunct- in-wound-care-management.

TeAra. "Story: Rongoā — medicinal use of plants." https://teara.govt.nz/en/rongoa-medicinal-use-of-plants.

Waikato University. "Use of honey in wound care by medical professionals." www.academia.edu/2195550/Pdf_13_Use_of_honey_in_wound_care_by_medical_professionals.

Danksagung

Wir sind allen, die zur Entstehung dieses Buchs beigetragen haben, unendlich dankbar. Ohne euch wäre dieses Werk nicht möglich geworden, und wir danken euch für eure Kompetenz und eure Großzügigkeit.

Als Erstem danken wir dem einzigartigen Craig P. Burrows, dessen außergewöhnliche Aufnahmen uns ermöglichen, uns vorzustellen, wie Bienen ihr Umfeld sehen könnten. Wir danken dir dafür, dass du uns ermöglichst hast, der Welt deine Arbeiten zu zeigen.

Wir danken allen, die sich die Zeit für ein Interview mit uns nahmen und uns gestatteten, ihre Mitteilungen und Beschreibungen ihrer Arbeiten in dieses Buch aufzunehmen, insbesondere Dr. Owen Catchpole, Prof. Dr. Thomas Henle, Dr. Xun Li, Dr. David Pattemore, Brian McCall, Dr. Oleksiy Losyev und Dr. Kannan Subramanian, die uns außerdem berieten und Fakten überprüften; sowie Dave Campbell und Familie, Rhys Casley und Familie und Mike Clearwater, die ihre Bienenkästen, ihre Grundstücke und ihre Blumen zur Verfügung stellten.

Wir danken den Honigexperten: Graham Ritchie, dessen Inspiration und Unterstützung dieses Buch Wirklichkeit werden ließ; Rob Linkhorn für seine tagtägliche Hilfestellung und seine kompetenten Antworten auf unsere vielen Fragen; Ching Ting-Fu für ihre Hilfe bei der Bildrecherche.

Wir danken unseren kreativen Kollegen: bei The Tuesday Club Nick Worthington für seine Visionen und Erkenntnisse, Liz Stokes und Paul Buckton für ihre Hilfe bei Verwaltungsangelegenheiten sowie Matt Oak der, gemeinsam mit Dave Brady von Freebird, die fantastischen Infografiken der Seiten 31, 98, 122, 124, 152 und 180 schuf; Studio Local für die magischen 3-D-Aufnahmen; Carl Baker von The Bakery für seine Hilfe bei den Retuschen; Alistair Guthrie für zusätzliche Fotos; und Arch McDonnell von InHouse Design für seine Weisheit.

Wir danken unserem unvergleichlichen Autoren- und Lektorenteam: Síana Clifford, die sämtliche Interviews sowie zusätzliche Recherchen zur Welt der Bienen und der Bienenprodukte durchführte; Nikki Addison für ergänzende Wortschmiedekunst, Recherche, Lektorat und Faktenchecks; Jo McCarroll von der Zeitschrift *NZ Gardener* für die Hilfe bei der Pflanzenbestimmung; und Mike Wagg für seinen Adlerblick.

Wir danken all den anderen großzügigen Menschen für ihre Unterstützung: Natalie Butterfield – Chronicle Books, San Francisco, USA; Pia Clemente – Knesebeck Verlag, München; und Michael Shah – The Northern Club, Auckland, Neuseeland.

Auch dieses Buch ist eine Kooperation des Teams von Blackwell & Ruth: der talentierte, preisgekrönte Cameron Gibb schuf die attraktive Gestaltung, Ruth Hobday übernahm das Lektorat; Geoff Blackwell, Kate Raven, Wanita Jeram und Marianne Lassandro.

Ngā mihi nui, wir danken euch.

*

Dank des Fotografen:

Wäre ich nicht in eine Familie hineingeboren, die ihre Liebe zur Natur konsequent lebte, hätte ich wohl nicht den Pfad eingeschlagen, der zu diesem Buch führte. Zuerst möchte ich meinen Eltern dafür danken, dass sie mir beibrachten, die Natur kennenzulernen und zu respektieren, die mit mir als Kind Ausflüge unternahmen und mir zeigten, dass man keine Angst vor Honigbienen zu haben braucht (indem sie sie auf unserem Orangenbaum behutsam streichelten).

All das wäre ohne meine Großeltern nicht möglich gewesen, die ihren Kindern die Liebe zur Natur vorlebten; ganz besonders danke ich meinem Großvater, der mir ein wichtiges Vorbild war. Er besaß nicht nur eine faszinierende Persönlichkeit, sondern war auch ein begabter Fotograf. Ich freute mich immer sehr, wenn ich ihm meine neuen Aufnahmen zeigen konnte und er mich sein Interesse spüren ließ. Ich danke dir dafür, dass du deine Weltsicht mit mir geteilt hast.

Ich empfinde eine große Dankbarkeit gegenüber Janet Kahng, die mir mit ihren guten Ratschlägen hilft, ein besserer Fotograf zu werden, und immer sagt, was sie wirklich denkt. Ich bin dankbar für all die Zeit, die ich bei unseren gemeinsamen Abenteuern mit dir verbringen darf.

Blumenfotos sind schön, aber Bilder von leuchtenden Blüten sind noch schöner, und deshalb danke ich Alex Holovachov für die Großzügigkeit, mit der er sein Wissen teilte und die mein Projekt erst möglich machte. Ebenso danke ich den Pflanzenexperten, die mir halfen, Pflanzen zu finden, sie zu bestimmen und alles über sie zu erfahren.

Natürlich schulde ich auch Graham Ritchie und Rob Linkhorn großen Dank, denn sie ließen dieses Buch Wirklichkeit werden, zusammen mit Ruth Hobday und Cameron Gibb von Blackwell & Ruth. Ebenfalls danke ich Nick Worthington und dem Team von The Tuesday Club, Alistair Guthrie, Gavin McGregor, Hitiri Turner, Dave Campbell und allen anderen, die mich auf viele Arten unterstützten und dafür sorgten, dass meine Arbeit in Neuseeland zu einer wunderbaren Erfahrung wurde.

Danke.

Impressum

Titel der Originalausgabe: *The seduction of the honeybee and what it means for you and me.*

Erschienen bei Blackwell & Ruth Limited, Neuseeland

Projektleitung: Pia Clemente, Knesebeck Verlag
Übersetzung: Dr. Cornelia Panzacchi, Göttingen
Lektorat und Satz: booklab GmbH, München
Umschlagadaption: Fabian Arnet, Knesebeck Verlag
Druck: 1010 Printing Ltd.
Printed in China

ISBN 978-3-95728-805-9

www.knesebeck-verlag.de

MIX
Papier | Fördert gute Waldnutzung
FSC® C016973